ABC DER KONDENSATOREN

ABC DER KONDENSATOREN

GRUNDLAGEN, KENNGRÖSSEN UND KONDENSATORTYPEN

IMPRESSUM

HERAUSGEBER
Würth Elektronik eiSos GmbH & Co. KG
Max-Eyth-Str. 1 · 74638 Waldenburg
Tel. +49 7942 945-0 · Fax +49 7942 945-5000
eiSos@we-online.de · www.we-online.de

UMSETZUNG
Anna Rudolf

AUTOR
Stephan Menzel

GRAFIKDESIGN // DIE NECKARPRINZEN · 74074 Heilbronn
SATZ // Ideen im Kopf · 75050 Gemmingen
PDF VEREDELUNG // Zeilenwert® GmbH · 07407 Rudolstadt
VERLAG // Swiridoff Verlag · 74653 Künzelsau

AUSGABE
1. Ausgabe Juni 2014, 1. Ausgabe November 2014

ISBN 978-3-89929-293-0
ISBN (E-BOOK) 978-3-89929-414-9

Inhalt

WÜRTH ELEKTRONIK

GRUNDLAGEN 11-26

Dieses Kapitel vermittelt Basiswissen zu den Zusammenhängen des elektrischen Feldes, der Permittivität sowie Aufbau und Wirkprinzip eines Kondensators.

KENNGRÖSSEN VON KONDENSATOREN 27-50

Die elektrischen Parameter und wesentlichsten Kenngrößen eines Kondensators werden dem Leser hier näher erläutert. Dies reicht von der eigentlichen Kapazität eines Kondensators bis hin zum Abhängigkeitsverhalten.

KONDENSATORTYPEN 51-70

Es werden existierende Kondensatortypen und deren Eigenschaften vorgestellt. In detaillierter Form werden hierbei Film-, Elektrolyt- und Keramikkondensatoren betrachtet.

VERZEICHNISSE 71-80

Ein alphabetisches Stichwortregister zur schnellen und gezielten Suche sowie ein Literaturverzeichnis über die verwendeten Quellen runden dieses Buch ab.

Vorwort

Sehr geehrte Leserinnen und Leser,

Der Würth Elektronik eiSos GmbH & Co. KG ist es wichtig, technisches Wissen zur Verfügung zu stellen und mit Kunden zu teilen. So wurde bereits im Bereich der Induktivitäten, der Transformer, der Elektromechanik und der Simulation mit LTspice das technische Wissen in Form von Büchern aufbereitet sowie veröffentlicht.

Im Zuge der sukzessiven Erweiterung unseres Portfolios um den Bereich der Kondensatoren möchten wir nun auch hier diesen erfolgreichen Pfad weiterverfolgen und gemeinsam mit unseren Kunden beschreiten.

Unser Wunsch war es, dem Leser ein Buch zur Verfügung zu stellen, welches ihm die wesentlichen Grundlagen zum Thema Kondensator zusammenfasst sowie ihm dieses Wissen einfach und zugänglich vermittelt.

Die Idee wurde nun mit diesem Buch in die Realität umgesetzt. Das ABC der Kondensatoren ist ein Grundlagenfachbuch, welches Zusammenhänge und technische Kenngrößen zum Themengebiet Kondensatoren in verdichteter Form enthält.

Das Abc der Kondensatoren stellt für uns den ersten Schritt dar, um unseren Kunden technisches Wissen, Anwendungs- und Einsatzmöglichkeiten rund um das Thema Kondensatoren zu vermitteln. In Zukunft werden weitere Publikationen mit den Themengebieten Applikation und Einsatzmöglichkeiten von Kondensatoren folgen.

Wir wünschen Ihnen viel Spaß beim Lesen.

Alexander Gerfer

Director International Product Management

Würth Elektronik eiSos GmbH & Co. KG

Stephan Menzel

Product Development Manager Capacitors

Würth Elektronik eiSos GmbH & Co. KG

Der Autor

Herr **Stephan Menzel**, geboren 1987, arbeitete nach seinem Studium des Wirtschaftsingenieurwesens an der Reinhold-Würth-Hochschule, bei der Würth Elektronik eiSos im Bereich des Qualitätsmanagements. Er verantwortete dabei Standardisierungen und betreute in seiner Rolle als Quality Manager Kunden aus dem Bereich des Key Accounts. Nach seinem berufsbegleitenden Master Studium an der Hochschule Wismar wechselte er in den Fachbereich des Product Development Managements und war bis 2020 mit dem Business Development für den Bereich Kondensatoren betraut. Im Speziellen betreute er den Produktbereich der Aluminium- und Polymer-Elektrolytkondensatoren.

Copyright

WÜRTH ELEKTRONIK

Vorschläge und Kritik zu diesem Buch nehmen wir gerne entgegen:

Würth Elektronik eiSos GmbH & Co. KG · books@we-online.de · Tel. +49 7942 945-0

Abc der Kondensatoren

Grundlagen

Grundlagen, Kenngrößen und Kondensatortypen

1 Grundlagen

1	**Grundlagen**	**13**
1.1	Elektrisches Feld	13
1.2	Elektrische Feldstärke	14
1.3	Influenz	15
1.4	Elektrische Dipole	16
1.5	Polarisation	17
1.6	Dielektrikum und Permittivität	18
1.7	Verschiebungsfluss und Verschiebungsflussdichte	20
1.8	Kondensator	22

1 Grundlagen

1.1 Elektrisches Feld

elektrisches Feld

Um die Gegebenheiten im elektrischen Feld zu verstehen, ist es erforderlich einige Zusammenhänge zu erläutern. Diese dienen dem grundlegenden Verständnis und sind notwendig, um die Zusammenhänge auf den Anwendungsfall beim Kondensator übertragen zu können. Die Reise in die Welt der Kondensatoren beginnt mit dem Aufbau des Atoms.

Der Aufbau eines Atoms besteht aus Protonen, Elektronen und Neutronen. Das Elektron ist der Träger der kleinstmöglichen, negativen, elektrischen Ladung (–e). Die Ladung eines Elektrons entspricht dem Betrag der Elementarladung (e):

$$e = 1{,}602 * 10^{-19}\,\mathrm{As} \tag{1.1}$$

Das Proton hat im Verhältnis zum Elektron hingegen die umgekehrte, aber vom Betrag her gleich große Ladung. Das Proton ist somit Träger einer positiven Ladung (+e) in Höhe der Elementarladung. Neutronen verhalten sich im Unterschied zu Protonen sowie Elektronen elektrisch neutral und zeigen nach außen keine positive oder negative Ladung.

Als Ladung bzw. Ladungsmenge eines Raumes wird der Differenzbetrag zwischen der vorhandenen positiven Ladungsmenge, subtrahiert um die vorhandene negative Ladungsmenge, bezeichnet. Daraus resultierend existieren zwei Arten der elektrischen Ladung, dies sind die positive und die negative Ladung. Positive Ladung liegt vor, wenn die positive Ladungsmenge überwiegt. Bei diesem Zustand wird von einem Elektronenmangel gesprochen. Hingegen liegt bei einer negativen Ladung mehr negative als positive Ladung vor und der resultierende Differenzbetrag ist entsprechend negativ. In diesem Fall spricht man von Elektronenüberschuss. Es gilt zu beachten, dass jede elektrische Ladung stets ein ganzzahliges Vielfaches der Elementarladung e ist.

Durch jede elektrische Ladung wird der sie umgebende Raum in einen besonderen Zustand versetzt. Diese besondere Form des Raumzustandes wird als elektrisches Feld bezeichnet. Hierbei steht der leere oder stoffgefüllte Raum unter Einfluss der getrennten elektrischen Ladungen. Das elektrische Feld ist dadurch gekennzeichnet, dass die Ladungen auf andere Ladungen Kräfte ausüben und somit elektrisch geladene Körper eine bestimmte Kraftwirkung erfahren.

Wird das elektrische Feld durch eine sich nicht bewegende bzw. ruhende Ladung verursacht, wird dieses auch als elektrostatisches Feld bezeichnet. Im Gegensatz dazu spricht man bei einem elektrischen Feld, welches durch eine sich bewegende Ladung entsteht, von einem elektrodynamischen Feld.

1.2 Elektrische Feldstärke

elektrische Feldstärke

Als elektrische Feldstärke wird die im elektrischen Feld auf eine Ladung wirkende Kraft bezeichnet. Die elektrische Feldstärke ist ein Vektor und wird üblicherweise in N/As oder V/m gemessen.

Zur Veranschaulichung bzw. Darstellung eines elektrischen Feldes werden sogenannte Feldlinien verwendet. Die Feldlinien kennzeichnen die Richtung der wirkendenden elektrischen Kräfte für jeden Punkt des Raumes. Die Feldlinien werden immer gerichtet von Plus zu Minus dargestellt und verlaufen somit stets von der positiven zur negativen Ladung

Die folgende Abbildung zeigt exemplarisch den Krafteinfluss auf eine Ladung im Feld:

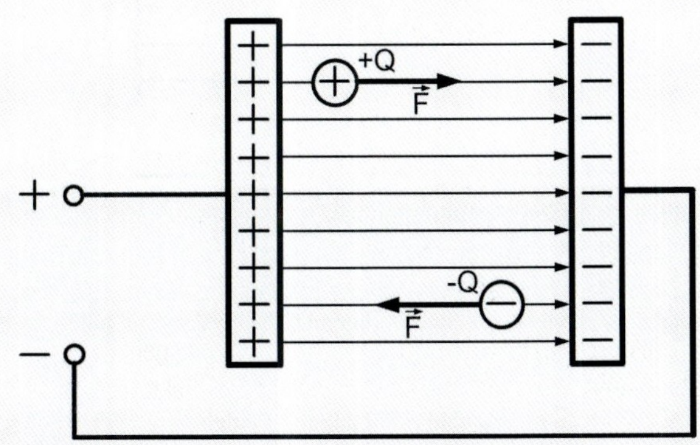

Abb. 1.1: Krafteinfluss auf Ladungen im elektrischen Feld

Der Betrag der elektrischen Feldstärke E ist wie folgt bestimmt und kann über die wirkende Kraft *F* und die Ladung *Q* errechnet werden:

$$E = \frac{F}{Q} \qquad [E] = \frac{N}{As} \tag{1.2}$$

Ist an allen Punkten eines elektrischen Feldes die Feldstärke gleich groß, wird dieses als homogenes elektrisches Feld bezeichnet. Im homogenen elektrischen Feld gilt folgender Sachverhalt für die elektrische Feldstärke E:

$$E = \frac{U}{d} \qquad [E] = \frac{V}{m} \tag{1.3}$$

Im Fall eines homogenen elektrischen Feldes verlaufen alle Feldlinien parallel und haben alle den gleichen Abstand zueinander (äquidistant). Der Zustand eines homogenen elektrischen Feldes ist nachfolgend veranschaulicht:

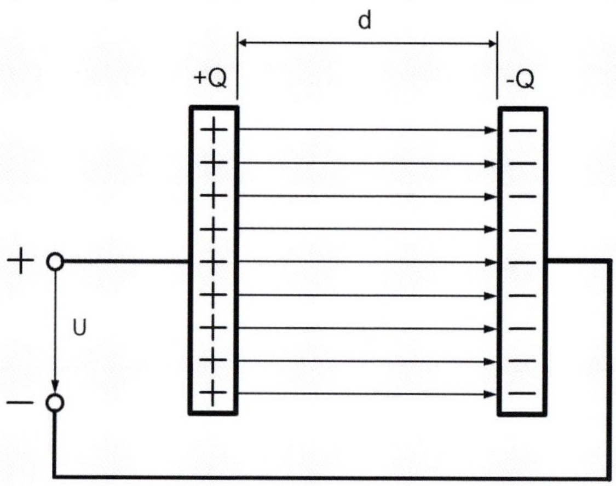

Abb. 1.2: Homogenes elektrisches Feld

Die Höhe der elektrischen Feldstärke ist, im Falle eines homogenen elektrischen Feldes, wie in Gleichung 1.3 dargestellt, durch die folgenden Faktoren bedingt:

- U … Größe des Ladungsunterschiedes
- d … Abstand der geladenen Teile

So erhöhen sich beim Anstieg der Differenz bzw. der Größe des Ladungsunterschiedes die Größe der resultierenden, elektrischen Spannung und somit auch direkt die elektrische Feldstärke. Des Weiteren steigt die elektrische Feldstärke mit der Reduzierung des Abstands der geladenen Platten.

Für den Fall, dass die Feldstärke und/oder die Feldrichtung ortsabhängig und nicht wie bei einem homogenen Feld an jeder Stelle des Feldes gleich groß sind, liegt ein inhomogenes elektrisches Feld vor.

1.3 Influenz

Influenz

Mit dem Begriff Influenz wird der vorübergehende Zustand beschrieben, bei dem es unter Einfluss eines äußeren elektrischen Feldes zu einer Ladungsverschiebung kommt.

Wird in ein bestehendes elektrisches Feld ein metallischer Leiter/Metallkörper eingebracht, so kommt es zu einer Ladungsverschiebung der negativen Ladungsträger in Richtung der positiv geladenen Elektrode. Hierbei kommt es zur Verschiebung der frei beweglichen Elektronen entgegengesetzt zur Feldrichtung und damit einhergehend zur

Ladungstrennung/-verschiebung auf dem metallischen Leiter. Die Ladung des in das Feld eingebrachten Leiters verschiebt sich dann auf der Seite, von der aus sich die Elektronen verschieben, ins Positive.

Wird das bestehende äußere elektrische Feld aufgehoben, neutralisiert sich die Erscheinung und die Ladungsverschiebung hebt sich entsprechend wieder auf.

Nachfolgend dargestellt sind Zustände eines elektrischen Feldes mit eingebrachtem Leiter. Daran wird der Ablauf der Influenz verdeutlicht:

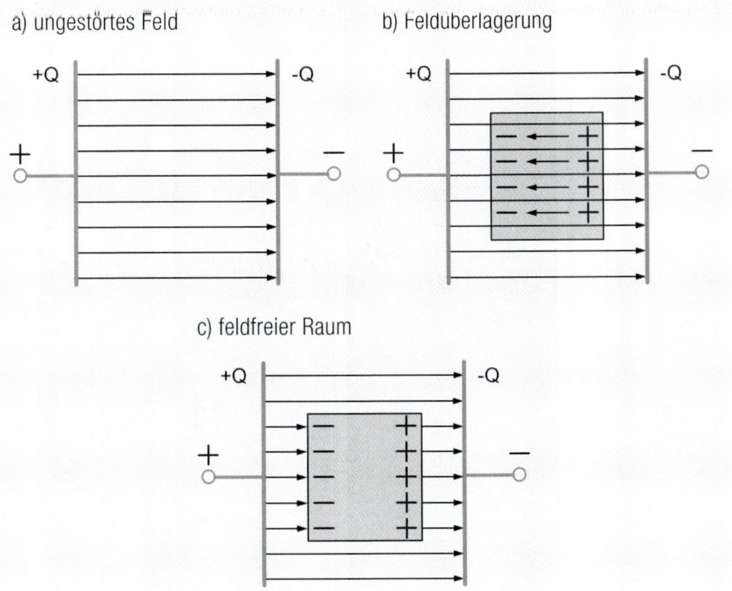

Abb. 1.3: Influenz durch ein elektrisches Feld in einem Leiter

Im Zustand a) (siehe Abbildung 1.3) ist das ungestörte Feld ohne eingebrachten Leiter im Ausgangszustand dargestellt. Wird nun wie in b) ein metallischer Leiter in das elektrische Feld eingebracht, so wirken auf die auf dem Leiter befindlichen Ladungen elektrische Kräfte. Es kommt zu der beschrieben Ladungsverschiebung, wobei es zur Ladungstrennung im Inneren des Leiters kommt und dadurch bildet dieser ein weiteres bzw. eigenes elektrisches Feld aus. Sobald das Gegenfeld des Leiters dem äußeren Feld gleicht, ist die Ladungsverschiebung abgeschlossen. In diesem Zustand c) ist dann das Innere des Leiters feldfrei. Dieser feldfreie Raum im Leiter ist gegen das äußere Feld abgeschirmt und der feldfreie Raum wird als sogenannter „Faraday'scher Käfig" bezeichnet.

1.4 Elektrische Dipole

Von außen betrachtet haben Atome und Moleküle im Normalfall keine elektrische Wirkung und sind nach außen entsprechend elektrisch neutral. Durch Einwirkung von elektrischen Feldern oder basierend auf inneren Bindungskräften kann es bei asymmetrischen Molekülen dazu kommen, dass die Ladungsschwerpunkte der positiv geladenen Atomkerne und der negativ geladenen Atomhülle lokal voneinander getrennt sind bzw. nicht mehr zusammenfallen. Liegt dies vor, so besitzt das Molekül ein entsprechendes Dipolmoment. Infolgedessen sind die Moleküle an ihren Enden unterschiedlich geladen und Moleküle, welche diese Erscheinung aufweisen, werden als Dipole (oder auch Dipolmoleküle) bezeichnet.

Ein Beispiel für die Dipolbildung ist das Wassermolekül. Bei diesem ist die Dipolbildung stark ausgeprägt, da das Sauerstoffatom durch die Ionenbindung zwei Elektronen der Wasserstoffatome an sich bindet.

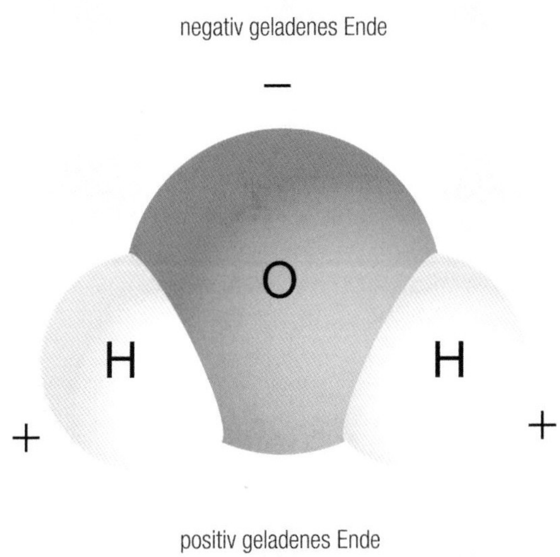

Abb. 1.4: Wassermolekül als Beispiel für Dipole

1.5 Polarisation

Die in Kapitel 1.3 Influenz beschriebene Ladungsverschiebung existiert nicht nur in elektrischen Leitern, sondern auch in isolierenden Stoffen. Allerdings besteht hierbei ein wesentlicher Unterschied.

Ladungsverschiebung

Im elektrischen Leiter kommt es bei der Ladungsverschiebung zur Bewegung der freien Elektronen (nicht ortsgebunden). Bei Isolierstoffen hingegen sind die Ladungsträger ortsgebunden und die einzelnen Moleküle sind nach außen elektrisch neutral. Die Ladungen eines Isolierstoffes können nur innerhalb ihrer zugehörigen Atome bzw. Moleküle, durch Einwirkung eines elektrischen Feldes, verschoben oder verdreht werden. Die eigentlich neutralen Atome des Isolierstoffes werden dabei durch die Einwirkung des elektrischen Feldes zu kleinen elektrischen Dipolen.

Der Vorgang, bei dem im Isolierstoff auf molekularer Ebene elastische Ladungsverschiebungen und/oder -drehungen der Ladungen auftreten, wird als elastische bzw. reversible Polarisation bezeichnet. Die Polarisation trägt dabei entsprechend zum Verschiebungsfluss ψ (siehe Kapitel 1.7 Verschiebungsfluss und Verschiebungsflussdichte) bei.

1.6 Dielektrikum und Permittivität

Dielektrikum

Ein Dielektrikum ist ein nichtmetallischer Isolierstoff, welcher elektrisch schwach- bis nichtleitende Eigenschaften besitzt. Die Ladungsträger eines Dielektrikums sind nicht frei beweglich und auf Molekülebene ortsgebunden. Als Dielektrikum wird der Isolierstoff, welcher sich im Raum zwischen und i.A. auf zwei geladenen Metallplatten bzw. im Raum des elektrischen Felds befindet, bezeichnet.

Dielektrika sind isolierende Werkstoffe, welche in elektronischen Bauteilen eingesetzt werden. Im Falle eines Kondensators ist das Dielektrikum die eigentlich wirksame Isolierschicht zwischen den Elektrodenflächen des Kondensators (siehe Kapitel 1.8 Kondensator).

Permittivität ε

Ein Dielektrikum wird über die Permittivität ε (früher auch als Dielektrizitätskonstante bezeichnet) charakterisiert. Wird anstatt Luft ein anderes Medium zur Isolation zwischen den Elektroden des Kondensators eingesetzt, ändert sich die Kapazität des Kondensators. Ursache dafür ist der molekulare Aufbau des Dielektrikums. Die damit verbunden ortsgebunden Ladungen der Moleküle sind kleine elektrische Dipole. Unter Einfluss des elektrischen Feldes richten sich die Dipole entsprechend des Feldes aus (Polaristion) und der Verschiebungsfluss ψ wird verstärkt.

Die Permittivität gibt dabei an, wie sich durch das Einbringen des Dielektrikums die im Feld gebundene Ladung verändert. Es wird zwischen absoluter Permittivtät ε_0 und relativer Permittivität ε_r unterschieden. Die Permittivität ε errechnet sich dabei aus Multiplikation von absoluter und relativer Permittivität:

$$\varepsilon = \varepsilon_0 * \varepsilon_r \qquad (1.4)$$

absolute Permittivität ε_0

Die absolute Permittivität ε_0 ist eine Naturkonstante und wird auch als Influenzkonstante oder elektrische Feldkonstante (Permittivität des Vakuums) bezeichnet.

$$\varepsilon_0 = 8{,}8542 * 10^{-12}\,\frac{As}{Vm} = 8{,}8542 * 10^{-14}\,\frac{F}{cm} \qquad (1.5)$$

relative Permittivität ε_r

Die relative Permittivität ε_r ist ein stoffspezifisches Gütekriterium für das jeweilige Dielektrikum. Die Dielektrizitätskonstante ε_r ist für jedes Dielektrikum spezifisch. Die Angabe erfolgt ohne Einheit, da sie eine dimensionslose Zahl ist.

Die relative Permittivität ε_r gibt an, um wie viel das Dielektrikum besser ist als Vakuum (ε_r von Vakuum = 1). Die relative Permittivität ε_r von Luft ist 1,00058 (bei einer Temperatur von 0 °C und einem atmosphärischen Druck von 101,3 kPa) und wird in der Praxis üblicherweise mit 1 genähert.

Je höher die relative Permittivität ε_r ist, desto höher ist die gebundene Ladung im elektrischen Feld. Ein Material mit einer höheren Permittivität weist eine entsprechend bessere Dipolbildung auf.

Die relative Permittivität besitzt allerdings auch je nach Material ein unterschiedlich stark ausgeprägtes Abhängigkeitsverhalten gegenüber folgenden Faktoren:

- Frequenz
- Temperatur
- Spannung
- Zeit (es existieren Dielektrika mit Alterungsverhalten, z.B. bei Klasse 2 Keramikkondensatoren)

Die folgende Tabelle ist eine Übersicht über die relative Permittivität von unterschiedlichen Isolierstoffen, welche z.B. in Kondensatoren zur Anwendung kommen.

Material	relative Permittivität (ε_r) bei 20 °C
Vakuum	1
Luft (1 bar)	1,00059
Papier	1,6 … 2
Paraffinpapier	2
Polytetrafluoräthylen (Teflon)	2,1
Polystyrol	2,3
Polypropylen	2,5
Polycarbonat	3
Quarz	4,5
Glas	5
Porzellan	5
Calcit	6,5
Aluminiumoxid	9,3
Tantalpentoxid	26
Niobpentoxid	42
Glimmer	58
Epsilan	5000
Keramik, Klasse 1	>10 … 500
Keramik, Klasse 2	>500 …>20000

Tab. 1.1: Übersicht der Permittivität unterschiedlicher Dielektrika

Es kann durch den Einsatz eines Dielektrikums mit höherer relativer Permittivität (ε_r) bei gleicher Bauform eine höhere Kapazität (siehe Kapitel 2.1 Kapazität eines Kondensators) erzielt werden oder wenn die gleiche Kapazität erwünscht ist, dies auf einer kleineren Bauform realisiert werden. Somit begründet sich der Einsatz unterschiedlicher Materialien als Dielektrikum in unterschiedlichen Kondensatoren und die damit verbundene maximal mögliche Kapazität in Korrelation zur Bauform.

In der historischen Entwicklung der Kondensatoren war neben der konstruktiven Erreichung höherer Kapazitäten, die Suche nach neuen geeigneten Dieletrika, ein wesentlicher Bestandteil zur Erreichung höherer Kapazitäten und möglichen Bauformreduzierungen.

Jeder Isolator ist auch gleichzeitig ein schlechter elektrischer Leiter. Dadurch kommt es zu dielektrischen Verlusten, welche im Speziellen bei Wechselströmen zu beachten sind. Die dabei auftretenden Verluste bedingen sich durch die Ströme im Isolationswiderstand, im Oberflächenwiderstand und durch die auftretenden Polarisationseffekte. Der daraus resultierende Leistungsverlust P_V wird wie folgt bestimmt:

$$P_V = 2 * \pi * f * C * U^2 * \tan \delta \qquad (1.6)$$

Der material- bzw. frequenzabhängige Verlustfaktor tan δ wird im Kapitel 2.8 Verlustfaktor und Güte näher erläutert.

1.7 Verschiebungsfluss und Verschiebungsflussdichte

Verschiebungsfluss ψ

Ein elektrisches Feld entsteht durch das Verschieben von Ladungen. Solange ein Kondensator aufgeladen wird, fließt ein Strom – der sogenannte Verschiebungsstrom. Die dabei vom elektrischen Feld verschobene Ladungsmenge wird als Verschiebungsfluss ψ bezeichnet. Der Verschiebungsfluss besteht aus der Summe aller Feldlinien des elektrischen Feldes. Der Verschiebungsfluss ist hierbei die durch eine Fläche hindurchgehende Wirkung, die durch die Ladungen hervorgerufen wird. Tatsächlich bewegt sich hier nichts, sondern der Fluss wird charakterisiert durch eine vektorielle Wirkung auf eine Einheitsladung. Die Feldlinien zwischen den Platten des Kondensators sind somit die Flusslinien, deren Gesamtheit den Fluss charakterisieren. Der Verschiebungsfluss ist direkt proportional zur Ladung, die ihn erzeugt. Der Verschiebungsfluss gleicht in Summe dem Betrag aller getrennten Ladungen und es gilt:

$$\psi = Q \qquad \text{mit } [\psi] = \text{As} \qquad (1.7)$$

In Abbildung 1.5 sind die Zusammenhänge des Verschiebungsflusses und der Verschiebungsflussdichte veranschaulicht:

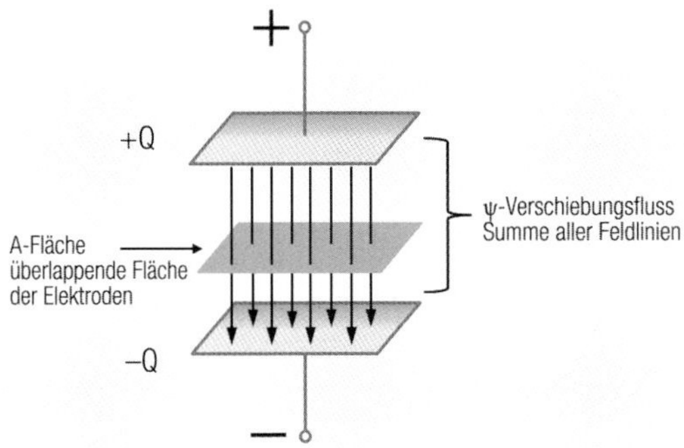

Abb. 1.5: Prinzipdarstellung des Verschiebungsflusses

In Abhängigkeit zum Feldverlauf ist die Fläche A, welche mit Feldlinien senkrecht durchsetzt ist, unterschiedlich groß.

Verschiebungsflussdichte D

Mit der Verschiebungsflussdichte *D* (in der Literatur auch elektrische Flussdichte genannt) wird die Stärke des elektrischen Feldes beschrieben. Die Verschiebungsflussdichte *D* ist der Verschiebungsfluss je senkrecht durchsetzter Flächeneinheit. Die Verschiebungsflussdichte wird über den Quotienten der auf den Platten befindlichen Ladungsmenge, welche in diesem Fall dem Verschiebungsfluss ψ entspricht und der effektiven Fläche *A*, welche mit Feldlinien durchsetzt ist, bestimmt:

$$D = \frac{\Psi}{A} = \frac{Q}{A} \qquad (1.8)$$

$$[D] = \frac{As}{m^2} \qquad (1.9)$$

Die Verschiebungsflussdichte ist eine vektorielle Größe und ist direkt proportional zur vorhanden Feldstärke *E*.

Ist zwischen den Platten ein Vakuum vorhanden, kann die Flussdichte aus der Multiplikation der elektrischen Feldkonstante und der elektrischen Feldstärke bestimmt werden:

$$D = \varepsilon_0 * E \qquad \text{(Vakuum als Dielektrikum)} \qquad (1.10)$$

Wird zwischen den Platten ein anderer Isolierstoff bzw. ein anderes Dielektrikum eingebracht, gilt die folgende Gleichung für die Errechnung der Verschiebungsflussdichte:

$$D = \varepsilon_0 * \varepsilon_r * E \qquad \text{(beliebiges Dielektrikum)} \qquad (1.11)$$

Im Falle eines beliebig anderen Dielektrikums wird die Verschiebungsflussdichte somit aus der Multiplikation der elektrischen Feldkonstante ε_0 mit der vom jeweiligen Dielektrikum abhängigen relativen Permittivität ε_r und der elektrischen Feldstärke *E* bestimmt.

1.8 Kondensator

Kondensator

Als Kondensator wird jede Anordnung zur Speicherung ruhender elektrischer Ladungen beschrieben. Der Aufbau eines Kondensators besteht immer aus zwei leitenden Oberflächen, den sogenannten Elektroden (bei Kondensatoren oft auch als Beläge bezeichnet). Diese sind stets von einem isolierenden Material, dem Dielektrikum, voneinander getrennt. Der prinzipielle Aufbau eines Kondensators ist nachfolgend veranschaulicht:

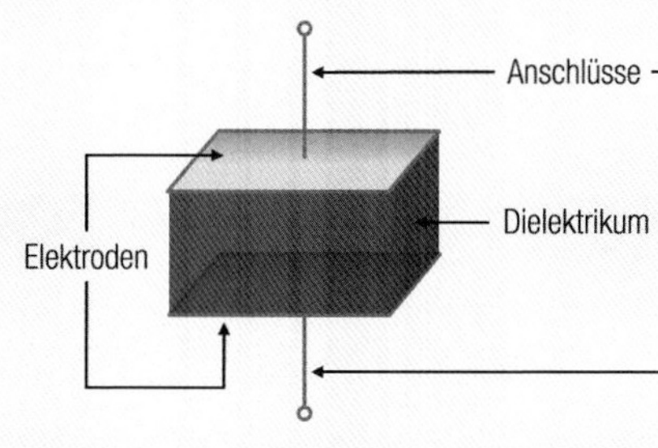

Abb. 1.6: Prinzipaufbau eines Kondensators

Plattenkondensator

Die in der Technik am häufigsten verwendete Anordnung ist der Plattenkondensator. Ein Plattenkondensator besteht vom prinzipiellen Aufbau aus zwei Metallplatten oder Folien und einem in den Zwischenraum eingebrachten Dielektrikum. In der folgenden Abbildung 1.7 sind ein Plattenkondensator und dessen wesentliche Parameter dargestellt:

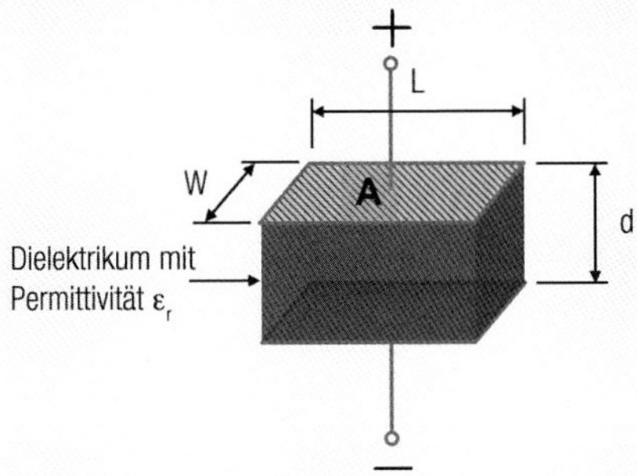

Abb. 1.7: Prinzipdarstellung eines Plattenkondensators

Kapazität C

Die Kapazität *C* eines Kondensators beschreibt dessen Speicherfähigkeit von elektrischen Ladungen (Kapazität wird in Kapitel 2.1 Kapazität eine Kondensators näher erläutert). Im Falle eines, wie oben dargestellten, Plattenkondensators kann dessen Kapazität C über die folgende Gleichung bestimmt werden:

$$C = \varepsilon * \frac{A}{d} = \varepsilon_0 * \varepsilon_r * \frac{A}{d} \qquad (1.12)$$

Die Fläche *A* wird über Länge *L* und Breite *W* der Elektroden bestimmt:

$$A = L * W \qquad (1.13)$$

Die Kapazität C errechnet sich über die elektrische Feldkonstante ε_0, die relative Permittivität ε_r des verwendeten Dielektrikums, die effektive Fläche *A* (der überlappende Flächenanteil der Elektroden) und die Dicke *d* des Dielektrikums bzw. den sich daraus ergebenden Abstand zwischen den Elektroden.

Der Feldverlauf innerhalb eines idealen Plattenkondensators ist homogen, somit hat das im Plattenkondensator vorherrschende elektrische Feld an jeder Stelle des Feldes den gleichen Betrag und ist durchgängig gleich gerichtet. Die in der modernen Elektronik verwendeten Kondensatorbauformen entsprechen zum Großteil dem prinzipiellen Aufbau eines Plattenkondensators.

Ein Kondensator, als elektrisches Bauteil, ist in der Lage elektrische Energie zu speichern und diese wieder abzugeben. Die Energieabgabe erfolgt in Relation zu seiner konstruktiven Charakteristik über eine definierte Rate und eine bestimmte Dauer.

Ein Kondensator ist ein Energiespeicher, welcher bei Gleichspannung den direkten Stromfluss blockiert und den Stromfluss bei Wechselspannung oder pulsierender Spannung, in Abhängigkeit von seiner Kapazität und der gegebenen Frequenz, zulässt.

Somit kann dem Kondensator je nach Stromkreis eine unterschiedliche Rolle zukommen:

- im Gleichstromkreis ist er ein Ladungsspeicher
- im Wechselstromkreis ist er ein frequenzabhängiger Widerstand

Energie

Wie viel Energie ein Kondensator gespeichert hat, kann über die folgende Formel bestimmt werden:

$$E = \frac{C * V^2}{2} = \frac{C * U^2}{2} \tag{1.14}$$

Der Kondensator ist, wegen seiner o.g. Eigenschaften, in der heutigen Elektronik ein unverzichtbares Bauelement. Im Bereich der passiven Bauelemente sind ca. zwei Drittel des Marktvolumens auf Kondensatoren zurückzuführen. Der Markt für Kondensatoren umfasste, bezogen auf den Umsatz, im Jahre 2012 ein Gesamtvolumen von ca. 13 Mrd. €.

Kondensatortypen

Es existieren verschiedene Typen und Bauformen von Kondensatoren. In der modernen Elektronik spielen Kondensatoren mit fester Kapazität die hauptsächliche Rolle. In der folgenden Übersicht sind die davon wesentlichen Kondensatortypen dargestellt:

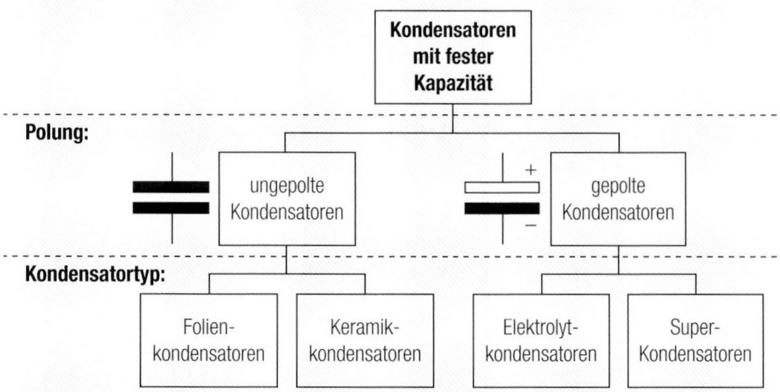

Abb. 1.8: Allgemeine Übersicht über die heute wesentlichsten Kondensatortypen mit fester Kapazität

Es gibt neben den oben genannten Kondensatoren mit fester Kapazität auch Kondensatoren mit variabler Kapazität. Typische Vertreter hierbei sind Dreh- oder Trimmkondensatoren. In Relation zu den oben genannten Kondensatoren spielen diese in der modernen Elektronik eine eher untergeordnete Rolle.

Wesentlich ist die Unterscheidung der Kondensatoren mit fester Kapazität in ungepolte und gepolte Varianten. Ein ungepolter Kondensator kann mit Gleich- oder Wechselspannung betrieben werden und es spielt keine Rolle wie dieser gepolt wird, da die Elektroden des Kondensators gleichartig bzw. symmetrisch konstruiert sind.

Hingegen darf an einen gepolten Kondensator nur eine Gleichspannung angelegt werden, deren Polung sich nicht ändert. Bei diesen Bauformen werden die Elektroden als Anode und Kathode unterschieden. Die Anode muss an das positive und die Kathode an das negative Potenzial angeschlossen werden. Anode und Kathode sind bei dieser Form nicht gleichartig. Wird der gepolte Kondensator falsch angeschlossen, kommt es zur Schädigung oder Totalausfall des Kondensators.

Die zukünftige Entwicklung im Kondensatorenbereich beinhaltet zwei wesentliche Ansätze. Zum einen ist es Ziel, die Miniaturisierung voran zu treiben, um stets mit der zunehmenden Integrationsdichte der Elektronikindustrie Schritt zu halten. Zum anderen liegt der zweite Fokus klar auf der Kapazitätssteigerung, denn der Kondensator ist neben den klassischen Akkus auch ein potenzieller Energiespeicher und wird mit zunehmender Kapazität und Weiterentwicklung immer attraktiver.

Im Kapitel 2 werden die wichtigen Kenngrößen bzw. Parameter eines Kondensators vorgestellt und erläutert. Darauf folgend werden in Kapitel 3 die einzelnen Kondensatorentypen detaillierter betrachtet.

Abc der Kondensatoren

Kenngrößen von Kondensatoren

Grundlagen,

Kenngrößen und

Kondensatortypen

2 Kenngrößen von Kondensatoren 29
2.1 Kapazität eines Kondensators 29
2.1.1 Abhängigkeit von der Spannung 30
2.1.2 Abhängigkeit von der Frequenz 30
2.1.3 Abhängigkeit von der Zeit 31
2.1.4 Kapazitätstoleranz 32
2.2 Ersatzschaltung und deren Parameter 33
2.2.1 ESR – Ersatzserienwiderstand 33
2.2.2 ESL – Ersatzserieninduktivität 34
2.2.3 Effektiver Scheinwiderstand/Impedanz 34
2.2.4 Resonanzfrequenz/Eigenresonanz 37
2.3 Nennspannung 37
2.3.1 Nenngleichspannung 38
2.3.2 Nennwechselspannung 38
2.4 Dauergrenzspannung 38
2.5 Isolationswiderstand 38
2.6 Reststrom (Leckstrom) 39
2.7 Eigenentladung 40
2.8 Verlustfaktor und Güte 40
2.9 Durchschlagsfestigkeit/-spannung 42
2.10 Temperaturkoeffizient/Temperaturabhängigkeit 43
2.11 Impulsanstiegszeit 45
2.12 Impulsbelastbarkeit 46
2.13 Dielektrische Absorption 46
2.14 Ripple-Strom 46
2.15 Komplexe Permittivität 47

2 Kenngrößen von Kondensatoren

In diesem Kapitel werden die für einen Kondensator wesentlichen Kenngrößen vorgestellt und näher erläutert. Diese Kenngrößen sind wesentlich für die Auswahl eines Kondensators für eine bestimmte Applikation.

2.1 Kapazität eines Kondensators

Kapazität C

Die wichtigste Kenngröße eines Kondensators ist dessen Kapazität *C* (engl.: Capacity). Mit der Kapazität *C* wird die Eigenschaft eines Kondensators beschrieben, in welchem Maß er in der Lage ist elektrische Energie zu speichern, wenn eine (gegebene) Spannung *U* angelegt wird. Die Kapazität gibt an, wie viel Ladungseinheiten pro Spannungseinheit im Kondensator gespeichert werden können. Des Weiteren ist die Kapazität wichtig für den Wechselstromwiderstand eines Kondensators bei bestimmten Frequenzen und bestimmt damit maßgeblich die Eigenschaften bei der Anwendung in Filtern.

Die Einheit in der die Kapazität angegeben wird, ist Farad. Diese wurde nach dem englischen Naturforscher und bedeutsamen Experimentalphysiker Michael Faraday (1791 bis 1867) benannt. Ein Kondensator, welcher auf ein Volt mit der Ladung von einem Coulomb aufgeladen wird (hierbei fließt ein Ampere für die Dauer von einer Sekunde), hat die Kapazität von einem Farad.

Es gilt der folgende Zusammenhang:

$$1\mathrm{F} = 1\frac{\mathrm{AS}}{\mathrm{V}} \qquad (2.1)$$

Die Kapazität eines Kondensators wird üblicherweise in pF, nF oder µF angegeben. Die bis heute gebräuchlichsten Kondensatoren liegen innerhalb dieser Größenordnung. Im Bereich der Superkondensatoren werden auch Werte größer einem Farad erreicht. Die Entwicklung geht dahin immer größere Kapazitätswerte zu erzielen.

Die Kapazität eines Kondensators ist im Wesentlichen von der Fläche, welche die Elektroden gemeinsam abdecken, dem Abstand der Elektroden zueinander, dem verwendeten Dielektrikum und dessen Dicke abhängig (siehe Kapitel 1.8 Kondensator).

So kann die Kapazität eines Kondensators durch folgende Parameter konstruktiv gesteigert werden:

- Steigerung der effektiven Fläche der Elektroden
- Verkleinerung des Abstandes zwischen den Elektroden
- dünnere Schicht des Dielektrikums
- Steigerung der Isolation durch ein geeignetes Dielektrikum mit höherer Permittivität bzw. besserer Dipolbildung

2.1.1 Abhängigkeit von der Spannung

Durch Anlegen einer Spannung kommt es bei bestimmten Isolierstoffen, welche in Kondensatoren als Dielektrikum eingesetzt werden, zu einer Änderung der Permittivität ε_r und in Folge dessen zu einer Reduzierung der Kapazität. Dies lässt sich dadurch begründen, dass bei den hier benannten Dielektrika im Zusammenhang mit dem Anlegen einer spezifischen Spannung an den Elektroden, eine definierte Polarisation der Moleküle auftritt. Dadurch reduziert sich die Permittivität ε_r des Materials bzw. des Dielektrikums.

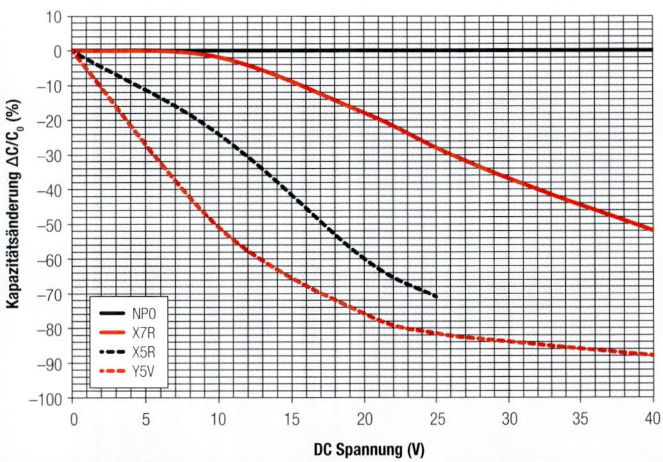

Abb. 2.1: Spannungsabhängige Kapazitätsänderung, Beispiel: Keramikkondensatoren

2.1.2 Abhängigkeit von der Frequenz

Es existieren Kondensatortypen, bei denen es frequenzabhängig zu einer Änderung der Permittivität ε_r kommt. Im Allgemeinen sinkt die Kapazität des Kondensators, wenn die angelegte Frequenz zunimmt.

Dies kann am Beispiel eines X2-Filmkondensators, in dem Polypropylen als Dielektrikum verwendet wird, verdeutlicht werden. So zeigt der Graph in Abbildung 2.2 die prozentuale Änderung der Kapazität über das Frequenzband von 1 kHz bis 100 kHz.

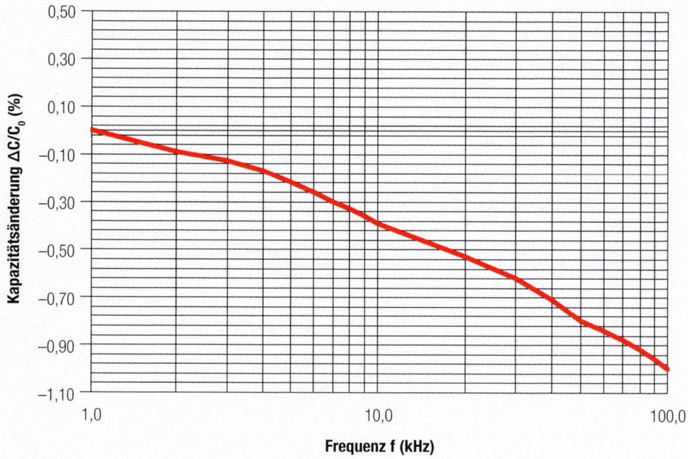

Abb. 2.2: Frequenzabhängige Kapazitätsänderung, Beispiel: MKP Filmkondensator

2.1.3 Abhängigkeit von der Zeit

Es können Änderungen der Kapazität über die Zeit bzw. während des Einsatzes in der Applikation auftreten. Mögliche Effekte sind:

a) zeitlich begrenzte Kapazitätsänderung durch Temperaturwechsel
Wird der Kondensator sehr großen Temperaturwechseln ausgesetzt, welche noch innerhalb der zulässigen und spezifizierten Temperaturgrenzen sind, kann es dazu kommen, dass der Kondensator hier eine gewisse Zeit nicht den angestrebten Kapazitätswert aufweist. Die Abhängigkeit der Kapazität von der Temperatur ist in Kapitel 2.10 Temperaturkoeffizient/Temperaturabhängigkeit detailliert aufgeführt.

b) Kapazitätsänderung durch Alterung
Die Alterung eines Kondensators ist durch dessen Typ und den darin verwendeten Materialen bedingt. Das jeweilige Alterungsverhalten muss der Anwender dem Datenblatt des Kondensators entnehmen bzw. dieses über den Hersteller in Erfahrung bringen.

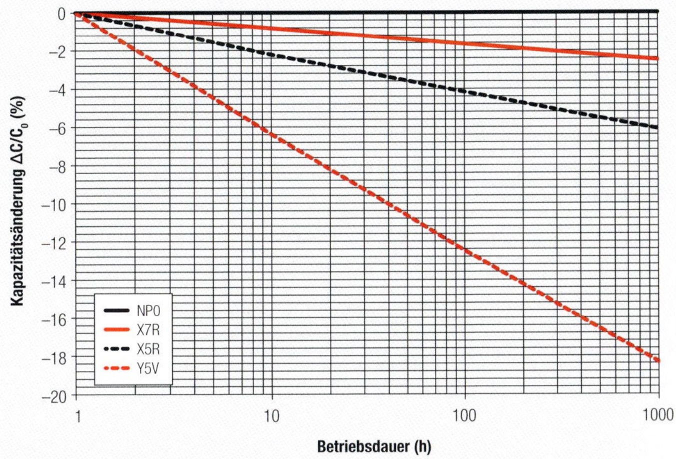

Abb. 2.3: Alterung von Keramikkondensatoren

2.1.4 Kapazitätstoleranz

Kapazitätstoleranz

Die Kapazitätstoleranz gibt die maximal mögliche positive und negative Abweichung vom Nominalwert der Kapazität an. Die Kapazitätstoleranz wird dabei herstellerseitig bei einer Standardtesttemperatur (üblicherweise 20 °C), einer Standardmessfrequenz sowie unter einer sehr niedrigen Testspannung gemessen und spezifiziert.

Bei frequenzbestimmenden Kondensatoren ist es z.B. notwendig, dass enge Toleranzen der Kapazität eingehalten werden. Hingegen spielt bei Kondensatoren, die zur Siebung oder Kopplung verwendet werden, die Toleranz eine weniger wichtige bis unwesentliche Rolle.

Es gilt zu beachten, dass die Kapazitätstoleranz stets nur das mögliche Maß der Abweichung von der Kapazität zum Zeitpunkt der Auslieferung definiert und nicht für den gesamten zeitlichen Einsatz bzw. über das Produktleben des Kondensators gilt.

Kondensatoren altern über ihr Produktleben und verlieren an Kapazität, somit reduziert sich die Kapazität mit zunehmender Betriebsdauer und es kann die anfängliche Toleranz mit der Zeit auch überschritten werden. Das Alterungsverhalten ist dabei auch abhängig vom Dielektrikum und so reduziert sich die Kapazität je nach Dielektrikum entsprechend mehr oder weniger.

Auch verliert eine geringe Fertigungstoleranz eines Kondensators ihren Sinn, wenn die Konstruktion bzw. die Materialeigenschaften des jeweiligen Kondensators starke Abhängigkeiten aufweisen. Diese Abhängigkeit kann dabei z.B. durch Temperatur oder, wie beschrieben, durch Alterung bedingt sein. So sind z.B. Y5V Keramiken stark temperaturabhängig und derartige Kondensatoren weisen bei schwankenden Temperaturen ein sehr unterschiedliches Maß an Kapazität auf.

Es sollte somit beachtet werden, dass für Applikationen mit präzisen Anforderungen, Kondensatoren mit geringen Abhängigkeitsverhalten (z.B. ggü. Temperatur) ausgewählt werden. Soll ein Kondensator lange im Einsatz bleiben und darf ein bestimmter Kapazitätswert für die einwandfreie Funktion der Applikation nicht unterschritten werden, so muss der Kondensator anfänglich überdimensioniert werden. Dies dient dazu, dass die notwendige Kapazität auch über die Zeit hinweg zur Verfügung steht, diese nicht unterschritten wird und die Applikation einwandfrei betrieben werden kann.

2.2 Ersatzschaltung und deren Parameter

Ersatzschaltbild eines ungepolten Kondensators

In den folgenden Abschnitten werden das Ersatzschaltbild eines ungepolten Kondensators und dessen einzelne Parameter näher erläutert. Der Aufbau des Ersatzschaltbilds eines ungepolten Kondensators ist wie folgt:

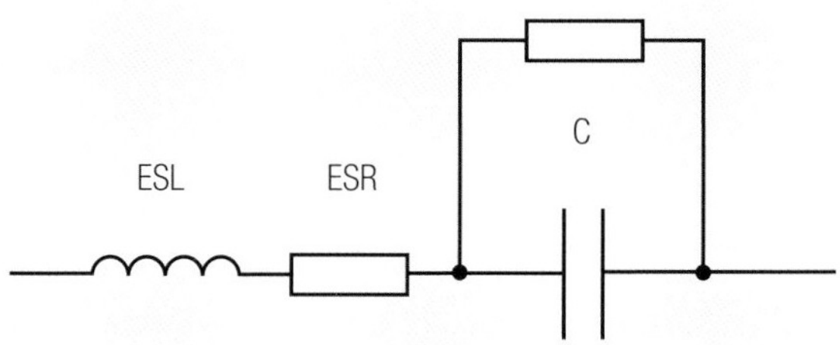

Abb. 2.4: allgemeines Ersatzschaltbild eines ungepolten Kondensators

Isolationswiderstand R_{ISO} Reststrom I_{Leak}

Im Ersatzschaltbild des Kondensators wird der Isolationswiderstand des Dielektrikums mit R_{ISO} oder bezogen auf den Reststrom mit R_{Leak} dargestellt. Über diesen Widerstand findet die Selbstentladung des Kondensators statt. Ein höherwertiges Dielektrikum führt zu einer Erhöhung dieses Widerstandes und somit wird klar, dass ein höherwertiges Dielektrikum zum Einen die mögliche Kapazität erhöht, aber auch die eigentliche Speicherfähigkeit des Kondensators verbessert, da die Selbstentladung mit zunehmendem R_{ISO} sinkt. Die ohmschen Anteile werden im Ersatzserienwiderstand *ESR* zusammengefasst und der induktive Anteil wird über die Ersatzserieninduktivität *ESL* beschrieben. Es existieren kapazitive Blindanteile X_C, induktive Blindanteile X_L und in Verbindung mit dem *ESR* ergibt sich hierdurch ein komplexer frequenzabhängiger Scheinwiderstand, welcher auch als Impedanz *Z* bezeichnet wird.

Selbstentladung des Kondensators

2.2.1 ESR – Ersatzserienwiderstand

Ersatzserienwiderstand ESR

Der Ersatzserienwiderstand *ESR* (engl.: Equivalent Series Resistance, wird auch als R_{ESR} gekennzeichnet) gibt den effektiven ohmschen Widerstand an, welcher zwischen den Anschlüssen des Kondensators besteht. Er fasst dabei alle ohmschen Anteile zusammen. Diese sind unter anderem bedingt durch Anschlussdrähte, Kontaktwiderstände und die Elektroden. Des Weiteren ist der *ESR* ein Kriterium dafür, wie gut der Kondensator Wechselströme durchleitet.

Der ESR kann für einen spezifischen Kondensator (unter Vernachlässigung des ESL) über die folgende Formel bestimmt werden:

$$ESR = \frac{\tan \delta}{2 * \pi * f * C} = \tan \delta * X_C \quad (2.2)$$

Der kapazitive Blindwiderstand X_C kann einzeln entsprechend bestimmt werden:

$$X_C = \frac{1}{2 * \pi * f * C} = \frac{1}{\omega * C} \quad (2.3)$$

Mit zunehmender Frequenz sinkt der Blindwiderstand X_C ab.

2.2.2 ESL – Ersatzserieninduktivität

Ersatzserien-induktivität ESL

Nicht nur Spulen weisen eine Induktivität auf, sondern jeder elektrischer Leiter weist eine Induktivität auf, da sich durch den Stromfluss ein mehr oder weniger großes Magnetfeld ausbildet. Mit der Ersatzserieninduktivität *ESL* (engl.: Equivalent Series Inductance, auch L_{ESL} gekennzeichnet) wird die Eigeninduktivität eines Kondensators angegeben. Je nach Konstruktion ist das entstehende Magnetfeld mehr oder weniger stark ausgeprägt.

Der *ESL* ist bedingt durch die Zuleitung, wie Drähte und sonstige Anschlussteile und der jeweiligen Bauform des Kondensators. So kann bei Wickelkondensatoren eine nicht unerhebliche Induktivität entstehen, da jeder stromdurchflossene Wickel, wenn er an den Enden der Elektroden kontaktiert wird, sich wie eine Spule verhält. Bauartbedingt ist der *ESL* bei Wickelkondensatoren am größten, aber durch Fertigungstechnik und Konstruktion können hier entsprechende Gegenmaßnahmen getroffen werden, so dass heutige Kondensatoren eine Eigeninduktivität aufweisen, die dem Niveau einer Leitungslänge, die äquivalent der Länge des Kondensatorwickels ist, entspricht.

Des Weiteren existieren Folien-, Elektrolyt- und Keramikkondensatoren mit Konstruktionen, bei denen der Kondensator bereits eine interne Parallelschaltung einzelner Elektroden aufweist, womit eine sehr niedrige Eigeninduktivität bzw. ESL einhergeht.

Der induktive Blindwiderstand X_L kann wie folgt bestimmt werden:

$$X_L = (2 * \pi * f * ESL) = (\omega * ESL) \quad (2.4)$$

2.2.3 Effektiver Scheinwiderstand/Impedanz

Impedanz Z

Der Scheinwiderstand bzw. die Impedanz *Z* beschreibt, wie gut der Kondensator Wechselströme bei entsprechenden Frequenzen durchleiten kann. Bei der Impedanz kommen die kapazitiven und induktiven Blindwiderstandanteile und der ohmsche Anteil

ESR zum Tragen. Speziell der parasitäre induktive Blindwiderstandanteil X_L kann hierbei nicht vernachlässigt werden.

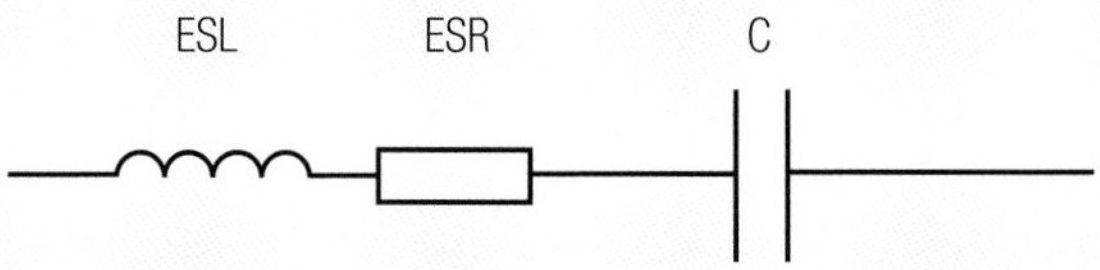

Abb. 2.5: Wechselstromersatzschaltbild eines ungepolten Kondensators

Angelehnt an die Wechselstromersatzschaltung eines Kondensators (Abbildung 2.5) kann der Betrag der Impedanz über die drei Anteile des Ersatzserienwiderstandes *ESR*, dem kapazitiven Blindwiderstandes X_C und dem induktiven Blindwiderstand X_L bestimmt werden:

$$Z = \sqrt{ESR^2 + (X_L - X_C)^2} = \sqrt{ESR^2 + \left((2 * \pi * f * ESL) - \left(\frac{1}{2 * \pi * f * C}\right)\right)^2} \qquad (2.5)$$

In den folgenden Abbildungen 2.6 und 2.7 ist der allgemeine Verlauf der Impedanz *Z*, des Ersatzserienwiderstandes *ESR*, des kapazitiven Blindwiderstandes X_C und des induktiven Blindwiderstandes X_L über die Frequenz dargestellt. Es zeigt sich, dass alle genannten Anteile frequenzabhängig sind und wie die einzelnen Anteile den Betrag der Impedanz beeinflussen.

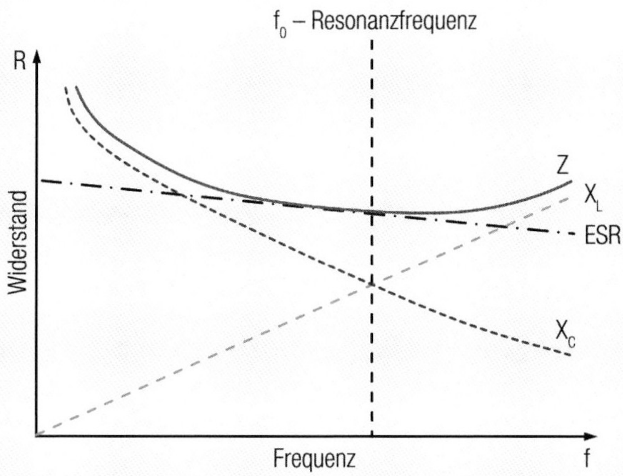

Abb. 2.6: Bestandteile der Impedanz

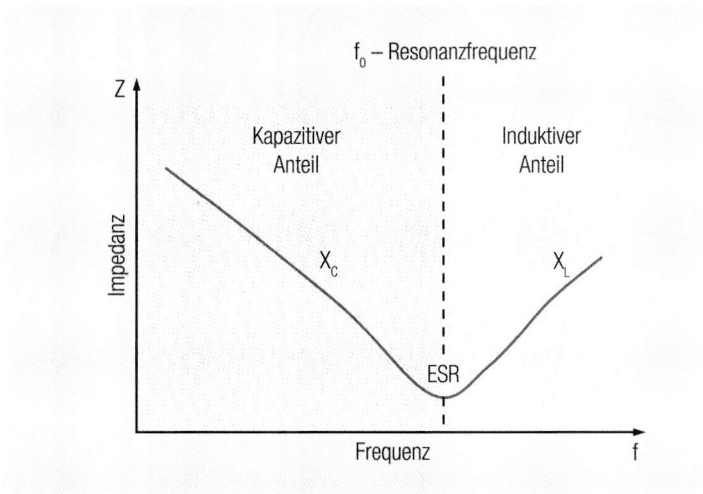

Abb. 2.7: Beispiel des Impedanzverhaltens eines Kondensators über die Frequenz

Die Impedanz Z ist frequenzabhängig und es können drei wesentliche Fälle (siehe Abbildung 2.7) von Betriebszuständen des Kondensators unterschieden werden:

1) $f < f_0$ – unterhalb der Resonanzfrequenz
 → es wirkt vorrangig X_C
2) $f = f_0$ – bei der Resonanzfrequenz
 → es wirkt nur der *ESR*, da X_C und X_L sich gegenseitig kompensieren
3) $f > f_0$ – oberhalb der Resonanzfrequenz
 → es wirkt vorrangig X_L

Bereits ein kleiner ESL des Kondensators, welcher konstruktiv bedingt ist, bewirkt schon eine Erhöhung der Resonanzfrequenz. Wird ein Kondensator bei hohen Frequenzen betrieben, so darf der induktive Anteil X_L nicht vernachlässigt werden. Betreibt man einen Kondensator über der Resonanzfrequenz, verhält er sich schon wie eine Induktivität. In diesem Fall ist darauf zu achten, einen Kondensator mit einem möglichst kleinen *ESL* einzusetzen bzw. welcher eine Konstruktion besitzt, die möglichst induktivitätsarm ist.

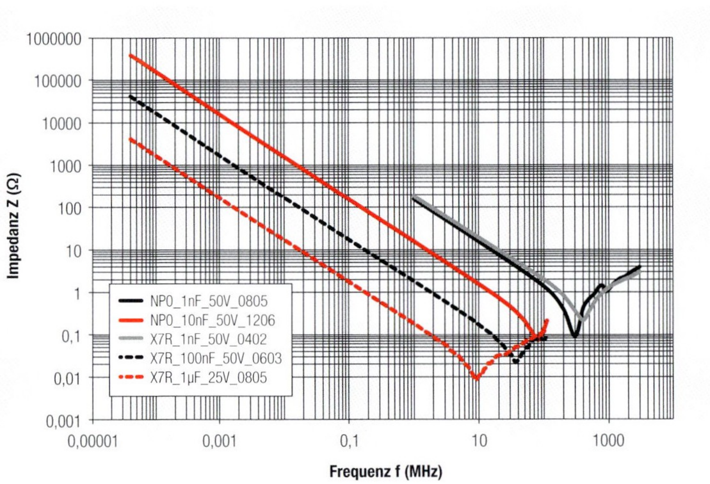

Abb. 2.8: Beispiel: Impedanzverhalten von Keramikkondensatoren

2.2.4 Resonanzfrequenz/Eigenresonanz

Bei Anwendungen, in denen Kondensatoren eingesetzt werden, gilt es zu beachten, dass die Zuleitungen des Kondensators als Induktivitäten wirken und dies zu einem Serienschwingkreis von *ESL* und *C* führt (siehe Anordnung in Abbildung 2.4). Dieser Effekt kann, wie in Abschnitt 2.2.2 ESL – Ersatzserieninduktivität beschrieben, bei Folienkondensatoren konstruktiv, durch stirnseitige Kontaktierung/Verschweißung der Anschlusspins an die Elektroden(-wickel) des Kondensators minimiert werden.

Resonanzfrequenz f_0

Die Resonanzfrequenz f_0 des Serienschwingkreises von *ESL* und *C* kann wie folgt bestimmt werden:

$$f_0 = \frac{1}{(2 * \pi * \sqrt{ESL * C})} \tag{2.6}$$

Kommt es zur Eigenresonanz des Kondensators, so nimmt die Impedanz *Z* bei dieser Frequenz ihren minimal möglichen Wert an, denn er besteht in diesem Fall nur noch aus dem ohmschen Anteil *ESR* (siehe 2.2.3 Effektiver Scheinwiderstand/Impedanz und Abbildung 2.7).

2.3 Nennspannung

Nennspannung U_R

Ein Kondensator ist, bedingt durch seinen konstruktiven Aufbau, bis zu einer definierten Nennspannung U_R (engl.: Rated Voltage/Operating Voltage/Working Voltage) belastbar. Die Nennspannung gibt dabei an, mit welcher Spannung der Kondensator im Dauerbetrieb belastet werden darf, ohne dass er dadurch beschädigt wird. Grundsätzlich wird die Nennspannung eines Kondensators in Nenngleich- und Nennwechselspannung unterschieden. Diese werden in den folgenden zwei Abschnitten genauer erläutert.

2.3.1 Nenngleichspannung

Nenngleichspannung U_{RDC}

Die Nenngleichspannung U_{RDC} (engl.: Rated DC Voltage) entspricht der maximalen Spannung, welche ständig am Kondensator anliegen darf. Die im Datenblatt angegebene Nenngleichspannung gilt von der minimal zulässigen Temperaturgrenze bis zur Nenntemperatur des Kondensators. In der Angabe der Nenngleichspannung ist die Überlagerung von Gleich-/Wechsel- und Impulsspannungen beachtet.

2.3.2 Nennwechselspannung

Nennwechselspannung U_{RAC}

Die Nennwechselspannung U_{RAC} (engl.: Rated AC Voltage) gibt den maximalen quadratischen Mittelwert (RMS) der Wechselspannung an, welcher bei einer spezifischen Frequenz (z.B. 50 Hz) dauerhaft am Kondensator anliegen darf. Wie bei der Nenngleichspannung gilt diese Angabe von der im Datenblatt spezifizierten minimal zulässigen Temperaturgrenze bis zur Nenntemperatur des Kondensators. Die Nennwechselspannung wird nur für ungepolte Kondensatoren angegeben.

2.4 Dauergrenzspannung

Dauergrenzspannung

Mit der Dauergrenzspannung (Category Voltage U_C) wird der maximal zulässige Spannungswert angegeben, mit welchem der Kondensator dauerhaft belastet werden darf, wenn der Kondensator an der im Datenblatt maximal spezifizierten Temperaturgrenze betrieben wird. Bei der Angabe der Dauergrenzspannung ist die Überlagerung von Gleich-, Wechsel- und Impulsspannungsanteilen bereits berücksichtigt. Die Dauergrenzspannung ist kleiner als die Nenngleichspannung und somit wird klar, dass die Steigerung der Temperatur über die Nenntemperatur (üblicherweise 20 °C oder 25 °C) ein sukzessives Spannungsderating bis zur maximal spezifizierten Temperaturobergrenze erfordert.

2.5 Isolationswiderstand

Isolationswiderstand R_{ISO}

Als Isolationswiderstand R_{ISO} (engl.: Insulation Resistance) wird der ohmsche Widerstand zwischen den Elektroden eines Kondensators bezeichnet. Er wird mit R_{ISO}, R_{ISOL}, IR oder R_I gekennzeichnet. Der Isolationswiderstand ist ein Gütekriterium des Kondensators und wird aus dem Verhältnis von angelegter Gleichspannung zum Isolationsstrom bestimmt. Üblicherweise erfolgt die Messung eine Minute nach Aufladung des Kondensators.

In Datenblättern von Kondensatoren erfolgt die Angabe des Isolationswiderstandes entweder über den Widerstandwert [MΩ] oder über die Zeitkonstante τ [s]. Des Weiteren existieren auch normierte R_{ISO} Angaben in MΩ*µF. Bei einer derartigen Angabe gleicht der Isolationswiderstand R_{ISO} der Zeitkonstante τ:

$$\tau[s] = R_{ISO}\,[M\Omega * \mu F] = R_{ISO}\,[M\Omega] * C[\mu F] \qquad (2.7)$$

Der Isolationswiderstand ist temperaturabhängig. Steigt die Temperatur an, so sinkt der Isolationswiderstand. Der Einsatz unterschiedlicher Dielektrika führt aufgrund ihrer Materialeigenschaften zu unterschiedlich hohen Isolationswiderständen. Es existieren Dielektrika mit sehr hohen Isolationswiderständen. Diese werden z.B. bei Keramikkondensatoren (Klasse 1) eingesetzt. Für derartige Kondensatoren mit sehr hohem Isolationswiderstand kann dieser in den meisten Fällen vernachlässigt werden. In solch einem Fall entspricht der Isolationswiderstand dem Oberflächenwiderstand der Kondensatoraußenhülle.

2.6 Reststrom (Leckstrom)

Reststrom I_{Leak}

Mit dem Begriff Reststrom (engl: DC Leakage Current) wird der Gleichstrom bezeichnet, welcher bei anliegender Spannung am Kondensator durch den Kondensator fließt. Der Reststrom wird auch als Leckstrom, Isolations- oder Kriechstrom bezeichnet. Der Betrag des Reststroms ist abhängig von den am Kondensator vorhanden Bedingungen, diese sind die Kapazität, die Spannung, die Temperatur und die Zeit bzw. der Zeitpunkt nach dem Anlegen der Spannung.

Der Reststrom wird in der Literatur mit den Kurzzeichen I_{Leak}, *DCL*, I_{kr} oder I_L angegeben. In Datenblättern wird der Reststrom üblicherweise in nA oder µA angegeben. Auch existieren normierte I_L-Angaben in der Dimension nA/µFV.

Der Reststrom $I_{Leak\,APP}$ für einen bestimmten Anwendungsfall in einer Applikation kann wie folgt bestimmt werden:

$$I_{Leak\,App}\,[nA] = I_{Leak}\,[nA/FVC] * C * U_C \qquad (2.8)$$

U_C ist die maximale Arbeitsspannung bzw. der Scheitelwert, welcher am Kondensator anliegt. Bei der Berechnung des Reststroms für einen speziellen Anwendungsfall wird die Berechnung in Abhängigkeit von der jeweiligen Kapazität des Kondensators und der am Kondensator anliegenden Spannung U durchgeführt.

In der Praxis werden, wenn I_{Leak} nicht angegeben ist, auch Faustformeln verwendet, um den Reststrom abzuschätzen. Zwei gebräuchliche Faustformeln für dessen Bestimmung, welche im Wesentlichen für Elektrolytkondensatoren Anwendung finden, sind folgend genannt:

$$I_{Leak\,App}\,[\mu A] = 4 + (0{,}006 * C[\mu F] * U[V]) \tag{2.9}$$

$$I_{Leak\,App}\,[\mu A] = 0{,}01 * C[\mu F] * U[V] \tag{2.10}$$

Bei ungepolten Kondensatoren wird üblicherweise der Isolationswiderstand R_{ISO} angegeben. Hingegen wird bei Elektrolytkondensatoren der Reststrom I_{Leak} angegeben. Ein hoher Isolationswiderstand entspricht einem niedrigen Reststrom und umgekehrt. Steigt die Temperatur an, so sinkt der Isolationswiderstand des Kondensators.

Der in der realen Anwendung auftretende Reststrom hängt im Wesentlichen von der Arbeitsspannung und der jeweiligen Umgebungstemperatur ab.

Es gilt zu beachten, dass der Reststrom eines Elektrolytkondensators zeitlich nicht konstant ist und sich mit der Zeit ändert. Der Reststrom ist dabei nach dem direkten Anlegen der Spannung am höchsten und fällt dann über die Zeit bis auf einen im µA Bereich großen Betriebsreststrom ab.

2.7 Eigenentladung

Eigenentladung

Ein geladener Kondensator entlädt sich über die Zeit in einem gewissen Maß von selbst. Es kommt zur Eigenentladung über den R_{ISO}. Die stattfindende Entladung ist dabei bedingt durch die Faktoren Isolation, Beschaltung, den Elektroden und dem eigentlichen Dielektrikum. Insbesondere bei Anwendung von Wechselspannung kommt es durch die ständig stattfindende Umpolarisierung zu hohen Verlusten. Deshalb existieren für Wechselspannungsanwendungen Kondensatoren mit dafür geeigneter Konstruktion, um die dabei auftretenden Verluste zu minimieren.

2.8 Verlustfaktor und Güte

Phasenverschiebung

Ein idealer Kondensator (reiner Blindwiderstand X_C) besitzt eine Phasenverschiebung bei dem der Strom der Spannung um einen Phasenwinkel von genau 90° vorauseilt. Bei jedem realen Kondensator existieren allerdings induktive und ohmsche Widerstandsanteile, dadurch wird die Phasenverschiebung entsprechend reduziert und es ergibt sich ein Phasenwinkel $\phi < 90°$. Die Differenz zum idealen Phasenwinkel von 90° wird als Verlustwinkel δ angeben.

Verlustwinkel δ

Verlustfaktor tan δ

Der Verlustfaktor $\tan\delta$ (engl.: Dissipation Factor – *DF*) gibt hierbei an, wie hoch die Verluste des jeweiligen Kondensators sind. Des Weiteren beschreibt der Verlustfaktor *tan* δ das frequenzabhängige Verhältnis des ohmschen Widerstandsanteils *ESR* zum kapazitiven Blindwiderstand X_C. Errechnet wird *tan* δ wie folgt:

$$\tan\delta = DF = \frac{ESR}{X_C} = ESR * 2 * \pi * f * C \qquad (2.11)$$

Ebenso beschreibt der Verlustfaktor *tan* δ auch das Verhältnis der Anteile des (verlustfreien) kapazitiven Stroms und des (verlustbehafteten) ohmschen Stromanteils, welche bei Betrieb eines Kondensators gleichzeitig fließen. Ein Kondensator mit einem kleinen Verlustfaktor ist entsprechend verlustärmer.

Der Verlustfaktor repräsentiert das Verhältnis aus Wirkleistung *P* zu Blindleistung *Q*.

Wirkleistung P
Blindleistung Q

$$\tan\delta = \frac{P}{Q} \qquad (2.12)$$

Es gilt zu beachten, dass der Verlustfaktor ein Abhängigkeitsverhalten zur Temperatur und Frequenz aufweist. Dies ist am Beispiel eins MKP Folienkondensators verdeutlicht.

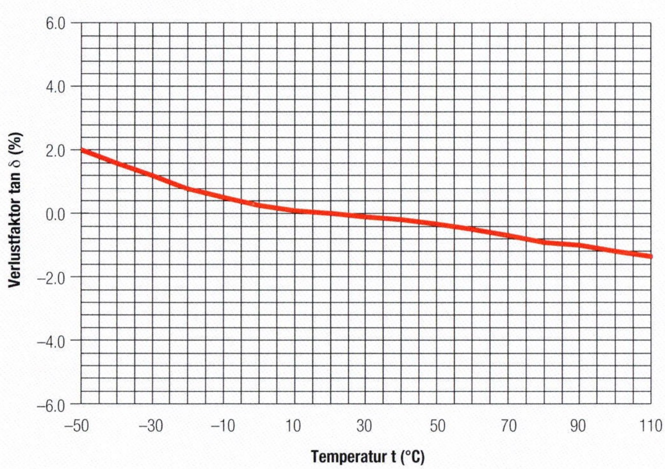

Abb. 2.9: Temperaturabhängiger Verlustfaktor, Beispiel MKP Folienkondensator

Im Speziellen bei Wechselspannungskondensatoren, welche mit hohen Strömen belastet werden, ist der Verlustfaktor von Bedeutung. Der Verlustanteil des Stromes erzeugt einen dem Verlustfaktor entsprechenden Wärmeverlust und führt zu einer Eigenerwärmung des Kondensators. So kann es im Falle eines zu großen Verlustfaktors *tan* δ zu einer übermäßigen Erwärmung des Kondensators kommen und durch diese Belastung die effektive Lebensdauer des Kondensators verkürzt werden.

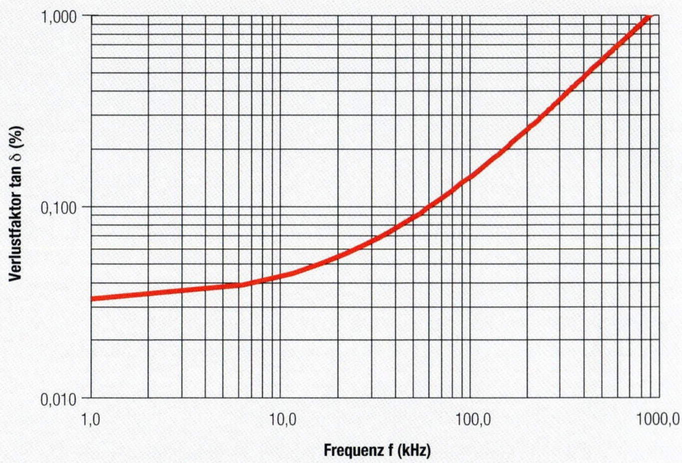

Abb. 2.10: Beispiel eines MKP Folienkondensators

Güte Q_c

Die Güte Q_C eines Kondensators kann als Kehrwert des Verlustfaktors bestimmt werden:

$$Q_C = \frac{1}{\tan\delta} = \frac{X_C}{ESR} \qquad (2.13)$$

Die Güte gibt das Verhältnis von im Kondensator gespeicherter Energie zu den auftretenden Energieverlusten an. Sie wird wie der Verlustfaktor über den kapazitiven Blindwiderstand X_c und den Ersatzserienwiderstand *ESR* errechnet. Je höher die Güte desto verlustärmer ist der jeweilige Kondensator.

2.9 Durchschlagsfestigkeit/-spannung

Durchschlags-festigkeit/-spannung

Die Durchschlagsfestigkeit/-spannung gibt die maximal zulässige Spannung an, welche am Kondensator anliegen darf, ohne dass es zu einem Überschlag zwischen den Elektroden kommt. Wird dieses Spannungsniveaues überschritten, isoliert das Dielektrikum nicht mehr entsprechend. Es kommt zum Durchschlag durch das Dielektrikum und zur Schädigung des Kondensators.

Die Durchschlagsfestigkeit eines Kondensators ist abhängig von dem jeweils verwendeten Dielektrikum und dessen Charakteristik. Um eine Schädigung oder Zerstörung des Kondensators zu vermeiden, ist es notwendig, sicher zu stellen, dass die für das Dielektrikum zulässige Spannung nicht überschritten wird.

2.10 Temperaturkoeffizient/Temperaturabhängigkeit

Temperaturabhängigkeit

Kondensatoren unterliegen einer Temperaturabhängigkeit. Ändert sich die Temperatur eines Kondensators (z.B. durch steigende Umgebungstemperatur oder Betrieb der Applikation) verändert sich auch die Kapazität. Die Kapazitätsänderung lässt sich dadurch begründen, dass die Permittivität ε_r eines Dielektrikums temperaturabhängig ist. Die bei Änderung der Temperatur stattfindende Kapazitätsänderung kann sowohl positiv als auch negativ sein. Sie ist im Wesentlichen abhängig vom konstruktiven Aufbau und den eingesetzten Materialen (vordergründig dem Dielektrikum) des Kondensators.

Temperaturkoeffizienten TC

Die Temperaturabhängigkeit eines Kondensators wird mit dem Temperaturkoeffizienten *TC* (in der Literatur auch als *TK*, *TCC* oder α_C) beschrieben. Die Angabe von *TC* erfolgt üblicherweise in ppm/°C oder in %/°C.

Im Idealfall kommt es, bei sich verändernder Temperatur, zu keiner Änderung der Kapazität. Es existieren Varianten von Kondensatoren, welche einen Temperaturkoeffizienten *TC* = 0 (z.B. COG bzw. NPO Keramikkondensatoren) aufweisen und es zu keiner Änderung der Kapazität durch Temperaturänderungen oder -schwankungen kommt. Dies ist notwendig, da einige Applikationen eine exakt berechnete Kapazität benötigen und sonst deren einwandfreie Funktion, bei schwankenden oder unterschiedlichen Temperaturen, nicht sichergestellt werden könnte.

Es existieren auch Kondensatortypen mit einer stark ausgeprägten Temperaturabhängigkeit. In solchen Fällen wird die Kapazitätsänderung über den gesamten Temperaturbereich spezifiziert.

Der Temperaturkoeffizient *TC* in ppm/°C ergibt sich wie folgt:

$$TC = \frac{1}{C_1} * \frac{C_2 - C_1}{\vartheta_2 - \vartheta_1} * 10^{-6} = \frac{1}{C_1} * \frac{\Delta C}{\Delta\vartheta} * 10^{-6} \qquad (2.14)$$

TC ... Temperaturkoeffizient [ppm/°C]
C_1 ... Kapazität des Kondensators bei +20 °C
C_2 ... Kapazität bei vorherrschender Temperatur ϑ_2
ϑ_1 ... Referenztemperatur von +20 °C
ϑ_2 ... aktuelle Temperatur des Kondensators

Mit einem bekannten Temperaturkoeffizienten TC können die folgenden Parameter eines Kondensators bestimmt werden:

1) resultierende Kapazitätsdifferenz bei Temperaturänderung:

$$\Delta C = TC * C_1 * \Delta\vartheta * 10^{-6} \qquad (2.15)$$

2) resultierende, prozentuale Kapazitätsdifferenz bei Temperaturänderung:

$$\Delta C[\%] = \frac{C_2 - C_1}{C_1} * 100\% = TC * \Delta\vartheta * 10^{-4}\% \qquad (2.16)$$

3) resultierende Kapazität bei bekannter Temperaturänderung:

$$C_2 = C_1 * (1 + TC * \Delta\vartheta * 10^{-6}) \qquad (2.17)$$

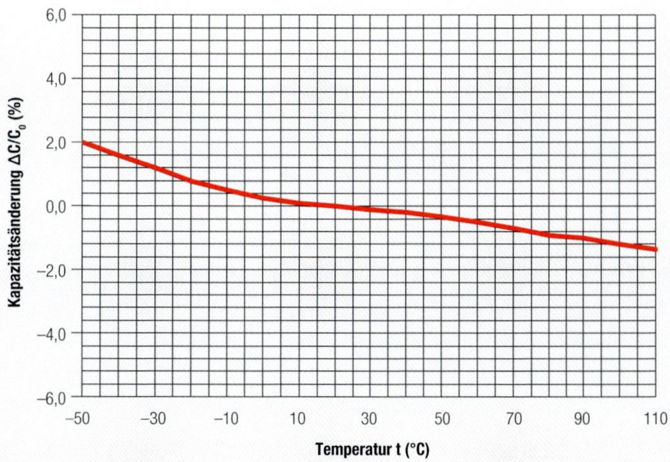

Abb. 2.11: Temperaturabhängige Kapazitätsänderung, Beispiel MKP Folienkondensator

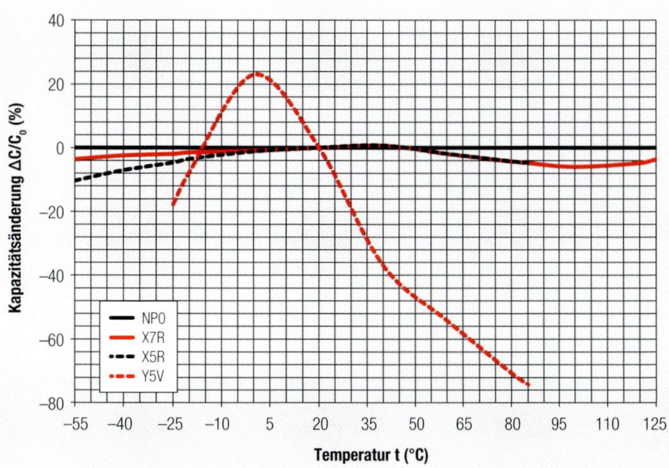

Abb. 2.12: Temperaturabhängige Kapazitätsänderung, Beispiel Keramikkondensatoren

2.11 Impulsanstiegszeit

Impulsanstiegszeit dV/dt

Die Impulsanstiegszeit *dV/dt* (auch Flankensteilheit oder zulässige Geschwindigkeit der Spannungsänderung genannt) gibt an, mit welchen Änderungen der Spannung in einem bestimmten Zeitraum der Kondensator belastet werden darf. Sie beschreibt damit die maximal zulässige Änderungsrate der Spannung über die Zeit. In der Literatur wird die Impulsanstiegszeit (engl.: Rate of Voltage Change/Pulse Rise Time) als *dV/dt* oder $\Delta U/\Delta t$ bezeichnet.

Die zulässige Impulsanstiegszeit wird immer in Spannung über Zeit angegeben und dies erfolgt üblicherweise in der Einheit V/µs.

An einem Beispiel kann die Aussage der zulässigen Impulsanstiegszeit verdeutlicht werden. Hat ein Kondensator laut Datenblatt eine zulässige Impulsanstiegszeit von 200 V/µs, so sind beispielsweise folgende Änderungen denkbar:

- 200 V Spannungsänderung/-hub in einem Zeitintervall von 1 µs
- 100 V Spannungsänderung/-hub in einem Zeitintervall von 0,5 µs
- 400 V Spannungsänderung/-hub in einem Zeitintervall von 2 µs

Das Beispiel zeigt, dass die wesentliche Aussage hierbei die Änderungsrate der Spannung über eine definierte Zeit ist. Die obigen Beispiele für Spannungsänderungen könnten beliebig erweitert werden, solange das Verhältnis von Spannungsänderung und Zeit die 200 V/µs nicht überschreitet. Es gilt allerdings zu beachten, dass der maximal zulässige Spannungsanstieg/-hub *dV* bzw. ΔU, für den die Angabe der Impulsanstiegszeit nach Datenblatt gilt, der Nenngleichspannung des Kondensators entspricht und diese darf nicht überschritten werden.

Die zulässige Geschwindigkeit der Spannungsänderung steht stets im Verhältnis zu Strom und Kapazität und es gilt folgender Zusammenhang:

$$\frac{\Delta U}{\Delta t} = \frac{dV}{dt} = \frac{I}{C} \tag{2.18}$$

Ist die applikationsseitige Betriebsspannung kleiner als die Nennspannung des Kondensators, so sind höhere zulässige Impulsanstiegszeiten möglich. Um diese bestimmen zu können, wird die nach Datenblatt gültige Impulsanstiegszeit dV/dt_{Spec} ($\Delta U/\Delta t_{spec}$), die Nenngleichspannung U_R und der Spannungshub der Applikation ΔU_{app} benötigt. Die Errechnung der für die Applikation zulässigen Impulsanstiegszeit wird wie folgt durchgeführt:

$$\left(\frac{\Delta U}{\Delta t}\right)_{app} = \left(\frac{\Delta U}{\Delta t}\right)_{spec} * \frac{U_R}{\Delta U_{app}} \tag{2.19}$$

2.12 Impulsbelastbarkeit

Impulsbelastbarkeit

Die Impulsbelastbarkeit (Pulse Stressing) eines Kondensators steht stets im Verhältnis zur zulässigen Geschwindigkeit der Spannungsänderung. Kommt es zu einer plötzlichen Spannungsänderung *dV* in dem Zeitintervall *dt*, so resultiert daraus ein Strom I_C am Kondensator.

Der Strom *I* ist hierbei das Produkt aus Nennkapazität C und der zulässigen Geschwindigkeit der Spannungsänderung bzw. der Impulsanstiegszeit *dV/dt*:

$$I = C * \frac{dV}{dt} \qquad (2.20)$$

Wird das zulässige *dV/dt* des Kondensators überschritten, führt dies zu einem zu hohen, resultierenden Strom und dadurch in Konsequenz zur Schädigung des Kondensators, z.B. der Kontaktierung der Anschlussdrähte zu den Elektroden.

2.13 Dielektrische Absorption

Bei Kondensatoren kann der Effekt beobachtet werden, dass nach vollständiger Entladung des Kondensators nach dem Ablauf von einigen Sekunden bis Minuten es dazu kommt, dass an den Anschlüssen des Kondensators wieder eine kleine Spannung gemessen werden kann. Bei einigen HV-Kondensatoren kann dieser Effekt nach Stunden und sogar bis hin zu Tagen auftreten.

dielektrische Absorption

Die bei der dielektrischen Absorption stattfindende Nachladung ist bedingt durch Polarisationsvorgänge der Dipole im jeweils verwendeten Dielektrikum.

Das Ausmaß der stattfindenden Nachladung ist im Wesentlichen abhängig von der Kapazität des Kondensators und der jeweiligen Art und Dicke des verwendeten Dielektrikums.

Für die Praxis hat dies zur Folge, dass nach Hochspannungsprüfungen an isolierten Kondensatoren eine sehr hohe Spannung auftreten kann, die bei wiederholten Messungen zur Zerstörung von Geräten führen kann. Ein merklicher elektrischer Schlag für die Anwender ist ebenfalls möglich. Von Fall zu Fall sollten daher Kondensatoren nach der HV-DC-Prüfung noch kurzgeschlossen bleiben.

2.14 Ripple-Strom

Ripple-Strom

Im Anwendungsfall eines Kondensators ist der Ripple-Strom (engl.: ripple current) ein am Kondensator messerbarer Wechselstrom, welcher durch eine anliegende parasitäre Wechselspannung (egal welcher Form oder Frequenz) auf einem Gleichspannungssignal entsteht.

Ist ein Kondensator mit Ripple-Strom beaufschlagt, kommt es aufgrund der vorhanden Wechselspannung, welche die Gleichspannung überlagert, zu Lade- und Entladevorgängen im Kondensator. Dies resultiert in einem effektiven Strom über den Ersatzserienwiderstand *ESR* des Kondensators. Die dabei erzeugte Verlustleistung wird in Wärme umgewandelt und führt zur Eigenerwärmung des Kondensators. Ripple-Strom tritt hauptsächlich nach der Gleichrichtung einer Wechselspannung auf.

Bei ungepolten Kondensatoren ist unter Einhaltung der spezifizierten elektrischen Parameter und Temperaturgrenzen der Ripple-Strom im Allgemeinen nicht schädlich für den Kondensator.

Im Speziellen kritisch ist Ripple-Strom bei gepolten Kondensatoren bzw. Elektrolytkondensatoren. Bei Elektrolytkondensatoren wird deshalb stets der maximal zulässige Ripple-Strom spezifiziert. Die maximale zulässige Ripple-Stromangabe eines Elektrolytkondensators sagt aus, mit welchem Ripple-Strom der Kondensator belastet werden kann, ohne diesen zu schädigen und dieser noch die Lebensdauervorhersagen entsprechend einhält. Wird ein Elektrolytkondensator mit zu viel Ripple-Strom belastet steigt die innere Temperatur des Kondensators über das zulässige Maß an. Dies kann den Kondensator schädigen und bis zu seinem Ausfall führen. Auch ist dieser Sachverhalt der Grund, warum gerade bei Elektrolytkondensatoren Bauformen mit sehr niedrigen *ESR*-Werten angestrebt sind und die Entwicklung neuer Bauformen neben der Kapazitätssteigerung darauf ausgerichtet ist.

2.15 Komplexe Permittivität

Wird ein Dielektrikum mit Wechselspannung betrieben, ist die relative Permittivität ε_r des Dielektrikums davon abhängig, bei welcher Frequenz der Kondensator betrieben wird. Dies lässt sich dadurch begründen, dass die im Dielektrikum stattfindenden Polarisationsmechanismen frequenzabhängig sind und die Polarisationsmechanismen die relative Permittivtät ε_r eines Dielektrikums beeinflussen.

Für die Polarisation können je nach Material bzw. Dielektrikum (bis zu) drei verschiedene Polarisationsmechanismen verantwortlich sein. Diese Polarisationsmechanismen sind:

Elektronische Polarisation

Ein Dielektrikum wird von einem angelegten elektrischen Feld beeinflusst.
Wirkt ein elektrisches Feld, so verschieben sich die Elektronen innerhalb der Atomhülle geringfügig auf die Seite des Atoms, welche der positiven Elektrode zugewandt ist. Hingegen verschieben sich die Protonen mehr in Richtung der negativen Elektrode. Wechselt das elektrische Feld über den zeitlichen Verlauf seine Richtung (Wechselspannung), so schwingen die Dipole hin und her bzw. richten sich Elektronen und Protonen, wie oben beschrieben, entsprechend aus. Die Massen, welche bei diesem Polarisationsmechanismus verschoben werden, sind sehr gering und aufgrund dessen kann die elektronische Polarisation sehr schnell stattfinden. Dieser Polarisationsmechanismus ist in allen Materialen zu beobachten und findet bis zu einer Frequenz von ca. 10^{15} Hz (Frequenz des sichtbaren Lichtes) statt.

elektronische Polarisation

ionische Polarisation

Ionische Polarisation

Die ionische Polarisation beschreibt die elastische Verschiebung von Ionen im Ionengitter. Da die Masse von Ionen wesentlich größer ist, als die Masse von Elektronen, findet die Polarisation bei der ionischen Polarisation langsamer statt, als bei elektronischer Polarisation. Bis zu einer Frequenz von ca. 10^{13} Hz ist ionische Polarisation möglich. Über diese Frequenz hinaus verschwindet die ionischer Polarisation (somit auch ihr Anteil an der relativen Permittivität ε_r).

Orientierungs-polarisation

Orientierungspolarisation

Die Orientierungspolarisation beschreibt die Ausrichtung von permanenten Dipolen. Ohne anliegendes elektrisches Feld liegen die Dipole im Dielektrikum statisch verteilt vor. Wird ein elektrisches Feld angelegt, so kommt es zur Ausrichtung bzw. Orientierung der Dipole in Richtung des elektrischen Feldes. Eine exakte Ausrichtung der Dipole parallel zur Feldrichtung, wird durch die stets vorherrschende thermische Bewegung der Moleküle nicht erreicht.
Aufgrund der Masse der Dipole, welche bei diesem Polarisationsmechanismus ausgerichtet werden, läuft dieser relativ langsam ab. Außerdem ist dieser Mechanismus temperaturabhängig, da eine Temperatursteigerung der Ausrichtung bzw. Polarisierung der Dipole entgegenwirkt. Bei Frequenzen oberhalb von 10^9 Hz kommt es zum Verschwinden der Orientierungspolarisation.

In der folgenden Abbildung sind die oben beschriebenen Polarisationsmechanismen veranschaulicht:

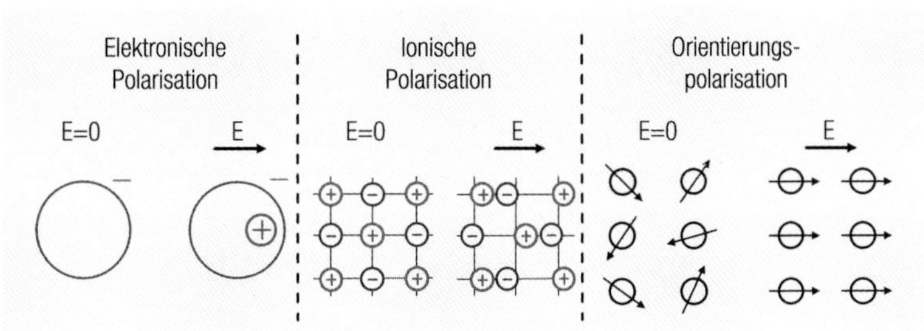

Abb. 2.13: Mechanismen der Polarisation der Dielektrika

Die relative Permittivität ε_r setzt sich aus den drei beschriebenen Polarisationsanteilen zusammen. Da die einzelnen Polarisationseffekte frequenzabhängig sind, weist auch die resultierende relative Permittivität ε_r eine entsprechende Abhängigkeit gegenüber der Frequenz auf. In der Abbildung 2.14 ist der allgemeine Verlauf der relativen Permittivität ε_r über die Frequenz veranschaulicht:

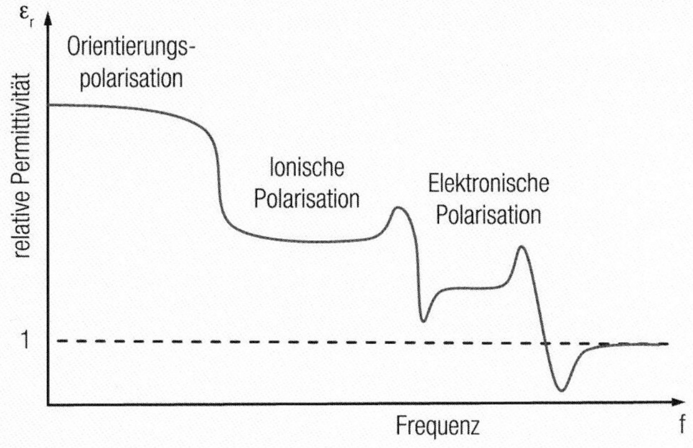

Abb. 2.14: Allgemeiner Verlauf der relativen Permittivität über die Frequenz

Wie die Abbildung zeigt, kommt es mit steigender Frequenz erst zum Verschwinden der Orientierungspolarisation. Wird die Frequenz weiter erhöht, verschwindet danach die ionische Polarisation. Werden sehr hohe Frequenzen angelegt ist es möglich, dass die elektronische Polarisation gegenüber der Anregung bis zur Gegenphasigkeit verzögert wird. Dies führt dazu, dass die relative Permittivität ε_r unter einen Wert kleiner 1 fällt, bis die elektronische Polarisation bei weiterer Frequenzsteigerung komplett verschwindet.

Es treten bei Wechselstrombetrieb im Dielektrikum zwei Effekte auf, welche zu elektrischen Verlusten führen. Diese Effekte sind:

- Restleitfähigkeit
- Orientierungspolarisation

Jeder Isolator und somit auch jedes Dielektrikum weist immer eine gewisse Restleitfähigkeit auf. Die Restleitfähigkeit kann allerdings auch bei Gleichstrombetrieb eines Kondensators beobachtet werden.

Hingegen tritt die Orientierungspolarisation nur bei Wechselstrombetrieb auf. Bei der Orientierungspolarisation der polaren Moleküle erwärmt sich das Dielektrikum, da die sich ständig umpolarisierenden Moleküle bzw. Dipole Schwingungen sowie Stöße auf die benachbarten/umgebenden Moleküle übertragen und es dabei zu Reibung kommt. Die dabei auftretenden Verluste sind im Resonanzfall besonders groß. Dies liegt vor, wenn die Frequenz der Wechselspannung mit der Eigenfrequenz der Moleküle übereinstimmt. Restleitfähigkeit und Orientierungspolarisation sind als Wirkleistung aktiv und können durch einen zum idealen Kondensator parallel geschalteten Widerstand R bzw. den Leitwert G beschrieben werden.

Der daraus resultierende komplexe Gesamtleitwert wird wie folgt errechnet:

$$Y_{ges} = G + (j * \omega * C) = G + (j * 2 * \pi * f * C) \qquad (2.21)$$

komplexe relative Permittivität ε_r

Die komplexe relative Permittivität ε_r eines verlustbehafteten Kondensators ist wie folgt definiert:

$$\varepsilon_r = \varepsilon_r' - j * \varepsilon_r'' \qquad (2.22)$$

Der Realteil ε_r' entspricht der relativen Permittivität eines spezifischen Materials bzw. Dielektrikums. Der Imaginärteil ε_r'' beschreibt die dielektrischen Verluste. Die dielektrischen Verluste geben an, wie hoch die Umwandlung von elektrischer Energie in Wärmeenergie ist.

Der dielektrische Verlustfaktor kann wie folgt bestimmt werden:

$$\tan \delta = \frac{\varepsilon_r''}{\varepsilon_r'} \qquad (2.23)$$

Die Konsequenz für einen Kondensator besteht darin, dass im Wechselspannungsbetrieb mit hohen Frequenzen geprüft werden sollte, ob die gewünschte Kapazität mit dem verwendeten Dielektrikum noch zur Verfügung steht. Es kann bei hohen Frequenzen, durch das Verschwinden der Polarisationseffekte und der damit verbundenen Verminderung der relativen Permittivtät, zu einer Reduzierung der Kapazität kommen (da ε_r spezifisch für ein Dielektrikum mit zunehmender Frequenz abnimmt). Dabei nehmen die am Kondensator stattfindenden Verluste zu.

Abc der Kondensatoren

Kondensatortypen

Grundlagen,
Kenngrößen und
Kondensatortypen

3 Kondensatortypen

3	**Kondensatortypen**	**53**
3.1	Übersicht über existierende Kondensatortypen	53
3.2	Folienkondensatoren	55
3.3	Elektrolytkondensatoren	58
3.4	Keramikkondensatoren	64
3.4.1	Klasse 1 (NDK) – Keramikkondensatoren	65
3.4.2	Klasse 2 (HDK) – Keramikkondensatoren	67
3.4.3	Klasse 3 und Klasse 4 – Keramikkondensatoren	69

3 Kondensatortypen

Es existiert, wie bereits angemerkt, eine Vielzahl von unterschiedlichen Kondensatorarten. Die in Kapitel 1.8 Kondensator kurz vorgestellten Kondensatortypen, welche in der Industrie die wesentlichste Rolle spielen, werden in den folgenden Kapiteln detaillierter vorgestellt und weitere existierende Bauformen aufgezeigt.

Die folgenden Kapitel dienen dem wesentlichen Verständnis über existierende Kondensatorbauformen, zur Einführung und zur Beschreibung deren grundlegender Merkmale. Jeder der Kondensatorarten könnte man ein eigenes Fachbuch widmen.

3.1 Übersicht über existierende Kondensatortypen

Kondensatortypen

Die Kondensatortypen lassen sich grob in Kondensatoren mit fester Kapazität und Kondensatoren mit variabler Kapazität unterteilen. Die wesentlichste Rolle fällt den Kondensatoren mit fester Kapazität zu, aber es existieren auch Kondensatoren mit variabler Kapazität. Deren Vertreter sind die Dreh- und Trimm-Kondensatoren.

Bei den Kondensatoren mit fester Kapazität kann in Folien-, Elektrolyt-, Keramik- und Superkondensatoren unterschieden werden. Die Folien-, Elektrolyt- und Keramikkondensatoren werden in den folgenden Kapiteln näher beschrieben und sind die Kondensatoren, welche in der Elektronik am weitesten verbreitet sind.

3 Kondensatortypen

3.1 Übersicht über existierende Kondensatortypen

In der nachfolgenden Übersicht sind alle existierend Kondensatortypen und deren Zuordnung dargestellt:

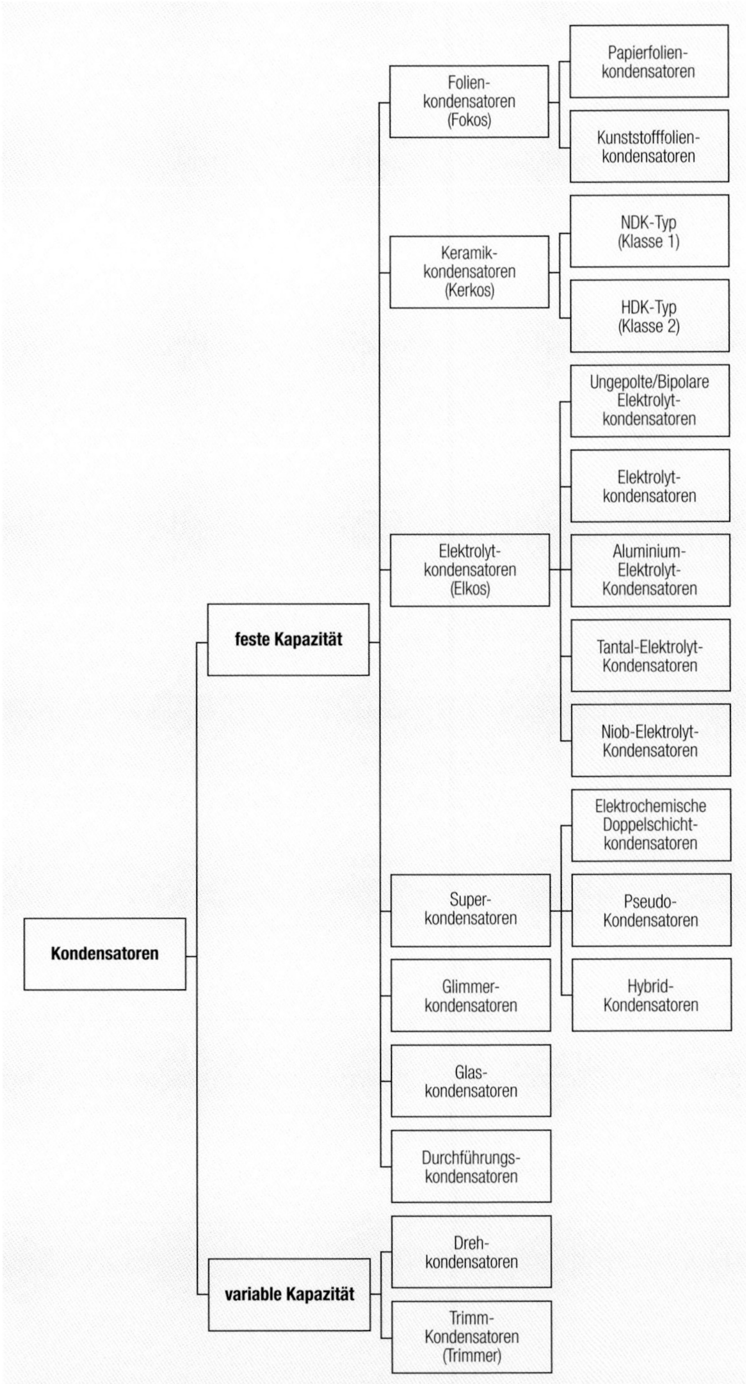

Abb. 3.1: Übersicht existierender Kondensatortypen

3.2 Folienkondensatoren

Folienkondensatoren

Aufgrund des Aufbaus und der verwendeten Materialien werden diese Kondensatoren als Folienkondensatoren bezeichnet. Die Folienkondensatoren besitzen keine Polung und haben eine fest definierte Kapazität.

Um den Kondensator aufzubauen, werden entweder zwei Metallfolien mit zwischenliegender Folie des Dielektrikums oder Folien des Dielektrikums, auf welche eine Metallschicht aufgedampft ist, gewickelt. Diese Bauform wird deshalb auch als Wickelkondensator bezeichnet.

Bei Folienkondensatoren werden entweder Papierfilme oder Kunststofffolien als Dielektrikum eingesetzt. Die Elektroden sind wie beschrieben entweder Metallfolien (im allgemeinen Aluminium) oder direkt auf das verwendete Dielektrikum aufgedampfte bzw. metallisierte Aluminiumschichten. Die Kontaktierung der Elektroden erfolgt stirnseitig durch eine Metallschicht (Schoopierung). Über diese Kontaktfläche werden die Bauteilanschlüsse angebunden.

Aufgrund des unterschiedlichen Aufbaus können die Folienkondensatoren wie folgt unterschieden werden:

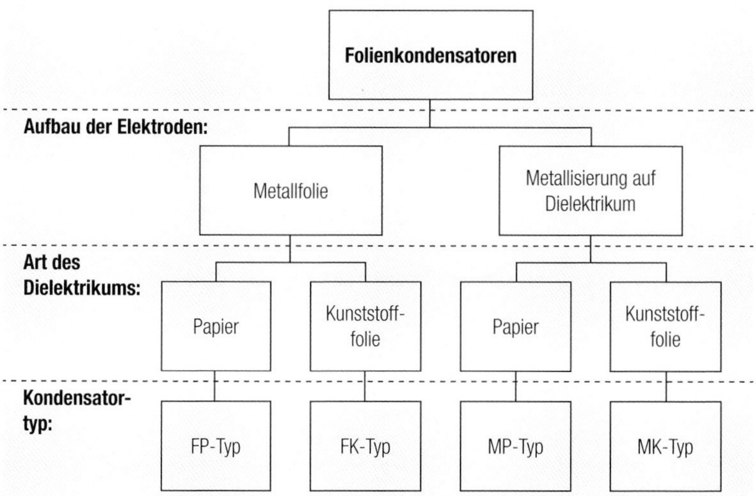

Abb. 3.2: Übersicht der Folienkondensatortypen

Die FP- und MP-Typen sind Metallpapierkondensatoren, wohingegen die FK- und MK-Typen den Kunststofffolienkondensatoren zugeordnet werden.
(M= Metallisiert; F=Folie; K=Kunststoff; P=Papier)

Papier hat als Dielektrikum gegenüber Kunststoffen einige Nachteile:

- hohe Feuchtigkeitsaufnahme
- mechanische Schrumpfung
- niedrige relative Permittivität ε_r

Aufgrund der niedrigeren relativen Permittivität des Papiers können mit Kunststofffolien gleiche Kapazitäts- und Spannungsfestigkeitswerte auf kleineren Bauformen erzielt werden oder bei gleicher Bauform höhere Kapazitätswerte realisiert werden.

Es existieren bei Kunststofffolienkondensatoren zwei wesentliche Bauarten (FK und MK), welche sich durch die Ausführung der Kondensatorelektrode unterscheiden.

FK-Kondensator

FK-Kondensator
Es werden hierbei einzelne Metallfolien mit einer zwischenliegenden Kunststofffolie, welche als Dielektrikum dient, gewickelt. So sind die Elektroden und das Dielektrikum jeweils eigenständige Folien. Durch thermische Nachbehandlung werden die Kunststofffolien nach dem Wickeln geschrumpft, um den Wickel mechanisch zu stabilisieren und den Feuchtschutz zwischen den einzelnen Folien zu erhöhen.

MK-Kondensator

MK-Kondensator:
Bei dieser Bauform wird eine als Dielektrikum dienende Kunststofffolie mit einer dünnen Metallschicht bedampft. So sind Elektroden bei dieser Bauform direkt auf das Dielektrikum aufgedampft. Die Dicke der bedampften Schicht liegt üblicherweise in einem Bereich von 10–50 nm.

Der konstruktive Unterschied von MK- zu FK-Kondensatoren führt zu Unterschieden in Aufbau und der Charakteristika des Kondensators. So zeigen MK-Kondensatoren gegenüber FK-Kondensatoren folgende Unterschiede:

- geringere zulässige Spannungen und Ströme
- kleinere Bauformen realisierbar
- höherer Verlustfaktor tan δ
- geringerer Isolationswiderstand R_{ISO}
- Selbstheilungseigenschaften

Typische Kunststoffe, welche bei Folienkondensatoren als Dielektrikum eingesetzt werden sind:

- Polycarbonat (Makrofol)
- Polyenylensulfid
- Polyester (Mylar)
- Polypropylen
- Polystyrol (Styroflex)
- Polytetraflouräthylen (Teflon)
- Zelluloseacetat

Bei Folienkondensatoren werden je nach verwendeter Art der Folie bzw. des Dielektrikums Kurzkennzeichnungen nach IEC 60062 verwendet. Dies ist in der folgenden Tabelle für einige typische Kondensatoren dargestellt:

Dielektrikum	Kurzbezeichnung des FK-Kondensators	Kurzbezeichnung des MK-Kondensators
Polyester (PETP)	KT	MKT
Polycarbonat (PC)	KC	MKC
Polypropylen (PP)	KP	MKP
Polystyrol (PS)	KS	MKS

Tab. 3.1: Kurzbezeichnung typischer Folienkondensatoren

Die Anwendung der Kurzkennzeichnung kann an einem Beispiel verdeutlich werden. Über das Kurzkennzeichen MKP kann z.B. identifiziert werden, dass bei diesem Kondensator eine Polypropylenfolie als Dielektrikum verwendet wird und die Elektroden direkt auf die Polypropylenfolien metallisiert sind. Wäre es jetzt eine KP Variante, dann wäre zwar auch hier eine Polypropylenfolie das Dielektrikum, aber die Elektroden sind eigenständige Folien und nicht auf die Kunststofffolie metallisiert.

Die Eigenschaften eines Folienkondensators werden im Wesentlichen durch das verwendete Folienmaterial und die Ausführung der Elektroden beeinflusst, da dieses zu unterschiedlichen elektrischen Eigenschaften führt.

Die folgende Abbildung zeigt dabei den schematischen Aufbau eines Kunststofffolienkondensators (MK-Typ):

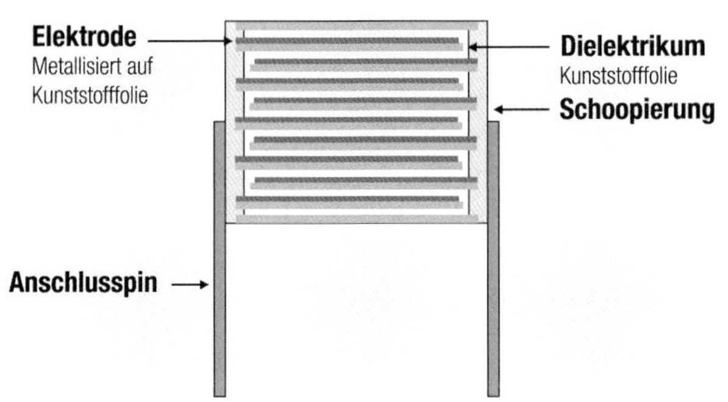

Abb. 3.3: Schematischer Aufbau eine MK-Folienkondensators

Der innere Aufbau des MK-Folienkondensators zeigt, dass zwei metallisierte Folien zueinander versetzt gewickelt wurden und keinen Kontakt zueinander besitzen. Diese werden über die sogenannte Schoopierung seitlich kontaktiert. Die Schoopierung ist eine Metallisierungsschicht auf der Stirnfläche des Kondensators und kontaktiert die einzelnen Schichten einer Folienmetallisierung bzw. einer Elektrode. Über die

Anschlusspins, welche mit der Schoopierung verbunden sind, wird die Zuleitung zum Kondensator realisiert.

Der in der obigen Abbildung dargestellte Wickel wird üblicherweise gebechert. So wird der Wickel z.B. in eine Kunststoffbox gegeben und luftdicht mit einer Vergussmasse verschlossen.

Abb. 3.4: Beispiel von MKP-Kondensatoren

Es existieren verschiedene Möglichkeiten die Folien anzuordnen, wie z.B. eine innere Serienschaltung der Folien. Auch verstärkte Folien bzw. doppelseitige Beschichtungen sind anzutreffen. Durch die geänderte Anordnung kann bei diesen Varianten die Spannungsfestigkeit/Impulsfestigkeit erhöht werden. Auch existieren Varianten, bei denen die Folien nicht gewickelt werden, sondern einzelne Folienlagen zu einem Paket gestapelt werden. In solch einem Fall spricht man von einem Schichtkondensator.

3.3 Elektrolytkondensatoren

Elektrolytkondensatoren

Bei Elektrolytkondensatoren (Abkürzung: Elko) kann im Gegensatz zu anderen Kondensatorbauformen nicht direkt über den Namen auf das eigentliche Dielektrikum Rückschluss gezogen werden. Aufgrund des polaren bzw. nicht symmetrischen Aufbaus eines Elektrolytkondensators werden bei diesem die Elektroden in Anode und Kathode unterschieden. Bei einem Elektrolytkondensator besteht die Anode aus einer Metallfolie (meist Aluminium) und die Kathode ist ein leitfähiger Elektrolyt. So besitzt der Elektrolytkondensator im Vergleich zu anderen Kondensatoren nur eine metallische Elektrode (in diesem Fall die Anode).

Als Dielektrikum zwischen den beiden Elektroden (Anode und Kathode) fungiert eine Oxidschicht auf der Metallfolie der Anode. Diese Oxidschicht isoliert die Elektroden zueinander.

Elektrolytkondensatoren können in ihrem Aufbau anhand zweier wesentlicher Kriterien unterschieden werden. Diese sind das verwendete Elektrodenmaterial und die Eigenschaft des Elektrolyten. Mögliche Konfigurationen sind folgend dargestellt:

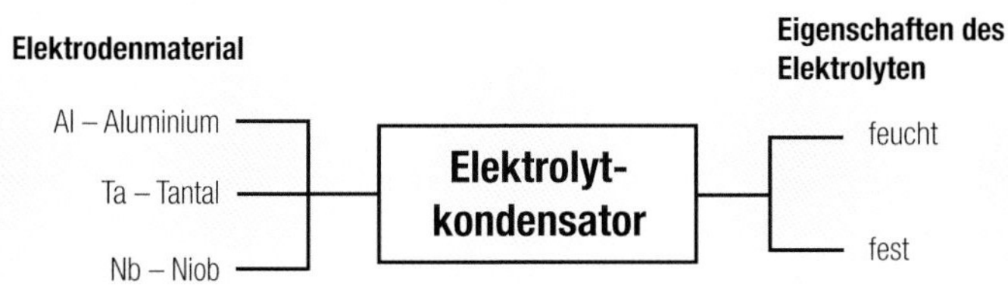

Abb. 3.5: Möglicher Aufbau eines Elektrolytkondensators

Bei heutigen Kondensatoren bestehen die Elektroden aus Aluminium, Tantal oder Niob und existieren Bauformen mit feuchtem (gelförmigem) Elektrolyt oder festem Elektrolyt. Auch existieren Hybrid-Lösungen bei denen eine feucht/feste Elektrolytvariante eingesetzt wird.

Je nachdem wie der Elektrolytkondensator konzipiert ist, hat dies einen wesentlichen Einfluss auf dessen elektrische Kenngrößen (Kapazität, ESR, Reststrom, usw.) und auf das Volumen, welches notwendig ist eine gewünschte Kapazität zu erreichen.

Abhängig davon welches Elektrodenmaterial für die Anode verwendet wird, besteht das Dielektrikum des Elektrolytkondensators aus einem Oxid des Anodenmaterials. Die jeweiligen Oxidschichten weisen unterschiedliche relative Permittivitäten auf:

Elektrodenmaterial der Anode	Dielektrikum	relative Permittivität (ε_r) Dielektrikums bei 20 °C
Al – Aluminium	Al_2O_3 – Aluminiumoxid	9,3
Ta – Tantal	Ta_2O_5 – Tantalpentoxid	26
Nb – Niob	Nb_2O_5 – Niobpentoxid	42

Tab. 3.2: Relative Permittivität unterschiedlicher Dielektrika von Elektrolytkondensatoren

Mit Angabe der relativen Permittivität der unterschiedlichen Dielektrika wird klar, dass die zu erreichende Kapazität je Volumen stark vom verwendeten Elektrodenmaterial abhängt. Denn es kann mit einer höheren Permittivität bei gleichem Kondensatorvolumen eine höhere Kapazität realisiert werden. Bedingt dadurch können bei Tantal- oder Niob-Elektrolytkondensatoren bei gleicher Bauform höhere oder bei kleiner Bauform gleichwertige Kapazitätswerte wie bei Aluminium-Elektrolytkondensatoren realisiert werden.

Die prinzipiellen Zusammenhänge eines Elektrolytkondensators werden nun am Beispiel eines Aluminium-Elektrolytkondensators verdeutlicht. Der schematische Aufbau eines Aluminium-Elektrolytkondensators ist wie folgt:

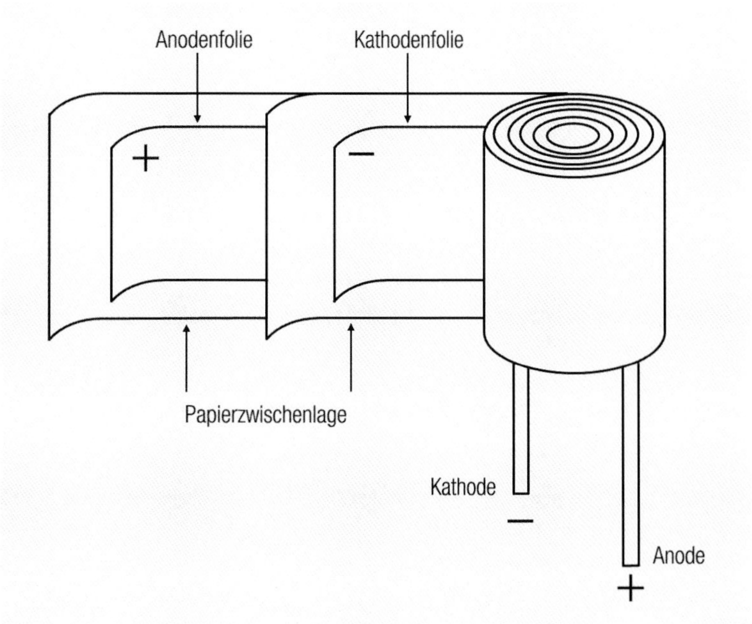

Abb. 3.6: Schematischer Aufbau eines Aluminium-Elektrolytkondensators

Aluminium-Elektrolytkondensator

Auch der Aluminium-Elektrolytkondensator ist ein Wickelkondensator. Ähnlich wie bei einem Papierfolienkondensator, werden die Metallfolien mit einer zwischenliegenden Papierfolie gewickelt. Die Anschlusspins sind an die jeweilige Metallfolie angecrimpt. Die hier schematisch dargestellt Papierlage, welche auch als Separator bezeichnet wird, ist final vollständig mit Elektrolyt getränkt und hat neben der Speicherung des Elektrolyten noch die Funktion den Abstand zwischen den Metallfolien zu gewährleisten.

In der folgenden Abbildung ist der Schichtaufbau innerhalb eines Aluminium-Elektrolytkondensators im Detail dargestellt.

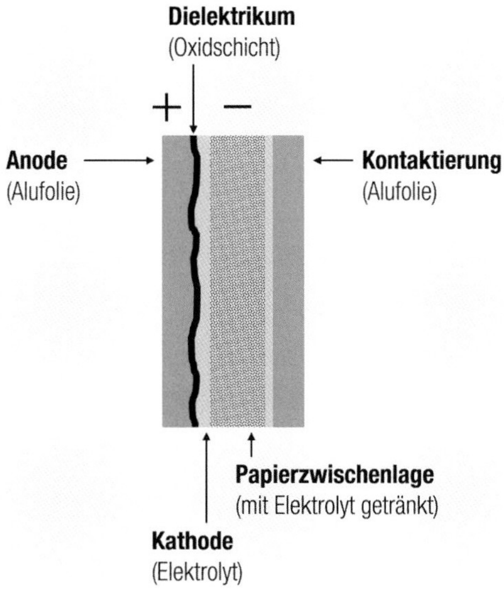

Abb. 3.7: Prinzipaufbau eines Aluminium-Elektrolytkondensators mit Feuchtelektrolyt

Oft wird die Kathodenfolie als eigentliche Elektrode verwechselt, diese stellt aber nur die elektrische Anbindung zum Elektrolyt her. Der Elektrolyt ist bei Elektrolytkondensatoren die eigentliche Kathode und nicht die Kathodenfolie.

Die Oxidschicht wird durch einen elektrochemischen Prozess erzeugt, welcher als Formierung bezeichnet wird. Die entstehende Dicke der Oxidschicht ist proportional zur angelegten Spannung.

Die Anodenfolie wird je nach angestrebtem Einsatz rauher oder glatter ausgeführt. So wird die Oberfläche durch Ätzprozesse speziell aufgerauht. Deren Oberflächenstruktur unterscheidet sich je nachdem, ob eine hohe Kapazität oder hohe Spannungsfestigkeit erwünscht ist.

Die Oxidschicht weist Halbleitereigenschaften auf, ist nur in eine Richtung isolierend und wirkt somit auch nur in eine Richtung als Dielektrikum. So ist stets bei Elektrolytkondensatoren zu beachten, dass diese richtig gepolt werden. Im Allgemeinen besitzen Elektrolytkondensatoren eine Polung und bei Falschpolung werden sie geschädigt oder zerstört. Denn bei Falschpolung kommt es zur Umformierung. Dabei entstehen Gase und es kommt zu einer Temperaturerhöhung im Kondensator. Dadurch kann es dazu kommen, dass der Elektrolytkondensator sich aufbläht oder sogar aufplatzt. Dies ist auch der Grund, warum z.B. bei Feuchtelektrolytkondensatoren ein Ventil (engl. Vent) in Form einer Vorperforation auf dem Bauteilkopf eingebaut ist. So kann im Fall einer Falschpolung des Elektrolytkondensator verhindert werden, dass der Elko undefiniert platzt und sich der Elektrolyt auf die Platine verteilt. Bei Überdruck im Elko öffnet das Ventil und das Gas kann entweichen.

Nachfolgend sind Beispiele eines THT und Snap-In Elektrolytkondensators dargestellt. Es wird aufgezeigt, wie die Polung für den Anwender am Kondensator ersichtlich gemacht ist:

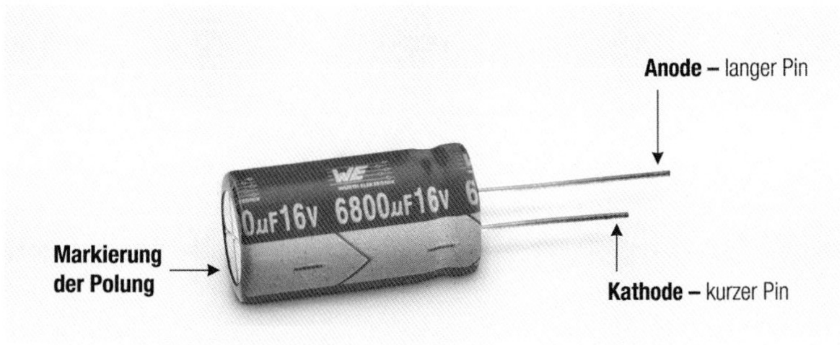

Abb. 3.8: Polung eines THT Elkos

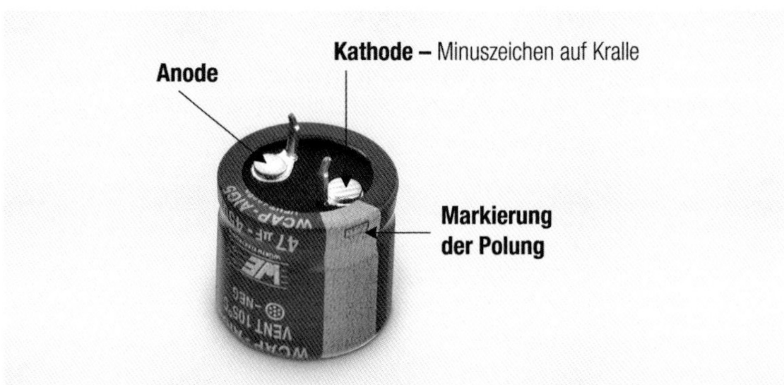

Abb. 3.9: Polung eines Snap-In Elkos

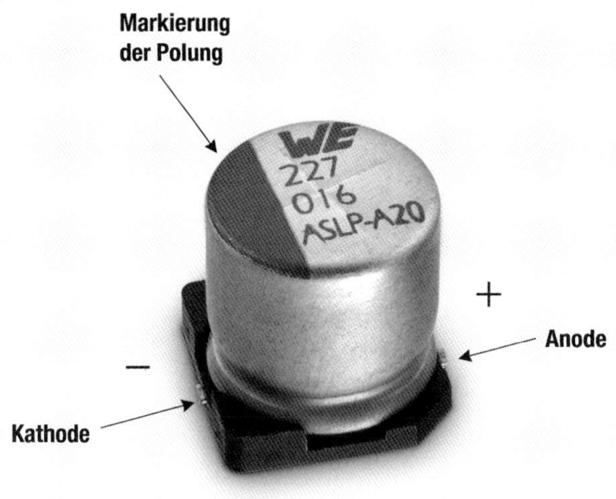

Abb. 3.10: Polung eines SMD-Elkos

Es existieren allerdings auch ungepolte bzw. bipolare Elektrolytkondensatoren. Diese besitzen aber spezielle Konstruktionen und sind in ihrer Verbreitung seltener anzutreffen, als gepolte Varianten. Bei bipolaren Elektrolytkondensatoren ist auf beiden Elektrodenfolien eine Oxidschicht vorhanden, vom Konstruktionsprinzip her gleicht dies einer Reihenschaltung von zwei Kondensatoren.

Durch die interne Reihenschaltung eines bipolaren Elektrolytkondensators reduziert sich die mögliche Volumenkapazität bei gleicher Nennspannung auf ca. die Hälfte eines vergleichbar großen, gepolten Elektrolytkondensators.

Man unterscheidet die Schaltzeichen für gepolte und ungepolte Elektrolytkondensatoren von dem allgemeinen Schaltzeichen für Kondensatoren:

Abb. 3.11: Schaltzeichen für Elektrolytkondensatoren

Es existiert am Markt eine Vielzahl von unterschiedlichen Bauformen von Elektrolytkondensatoren. Elektrolytkondensatoren sind mit Anschlüssen für SMT, THT, Snap-In und Schraubvarianten verfügbar.

Abb. 3.12: Übersicht unterschiedlicher Elektrolytkondensatorbauformen

3.4 Keramikkondensatoren

Keramikkondensatoren

Bei Keramikkondensatoren werden, wie der Name bereits sagt, Keramikmaterialien als Dielektrikum verwendet. Der Keramikkondensator kann als homogener Block (Einschichtkondensator) oder in vielen Schichten, die einen monolithischen Keramikkörper ergeben, aufgebaut sein (Vielschichtkondensator, engl. Multilayer Capacitor). Die übliche Abkürzung für einen Keramikkondensator ist der Begriff Kerko.

Der Einschichtkondensator ist in Hochspannungsanwendungen und auch in Wechselspannungsanwendungen zu finden. Vielschichtkondensatoren werden hauptsächlich als SMD-Bauelemente ausgeführt. Die übliche Chip-Bauform wird im Englischen als Multi-Layer-Ceramic-Capacitor bezeichnet und daraus ist die in der Industrie gängige Abkürzung MLCC entstanden.

MLCC's sind die Bauformen, die in Billiarden Stückzahlen den Weltmarkt beherrschen. Die Kondensatorelektroden sind bei dieser Bauform innenliegende Metallisierungsschichten. Diese werden durch eine auf den Keramikkörper stirnseitig aufgebrachte Terminierung kontaktiert.

Der Aufbau der Keramikkondensatoren ermöglicht sehr induktivitätsarme Bauformen. Die in Keramikkondensatoren als Dielektrikum eingesetzten Keramiken werden in unterschiedliche Klassen unterteilt. Die existierenden Varianten sind die Klassen 1 bis 4. Die einzelnen Klassen unterscheiden sich dabei im Wesentlichen in der relativen Permittivtät ε_r, wodurch die maximal mögliche Kapazität beeinflusst wird, dem Abhängigkeitsverhalten gegenüber Temperatur, in ihrem Alterungsverhalten und den dielektrischen Verlusten. Die Unterschiede des Abhängigkeitsverhaltens einzelner Keramiken sind an Beispielen im Kapitel 2.1 Kapazität eines Kondensators verdeutlicht.

Es gilt bei Keramikkondensatoren stets zu beachten, dass hierbei zwar kleine Bauformen realisiert werden können und mit SMD Varianten der Bestückungsprozess wesentlich vereinfacht werden kann, allerdings sind Keramiken sensibler für mechanische Einflüsse als andere Bauformen. Dies gilt es in der Fertigung und der tatsächlichen Applikation zu beachten.

Die einzelnen Keramikklassen werden in den folgenden Kapiteln detaillierter vorgestellt.

3.4.1 Klasse 1 (NDK) – Keramikkondensatoren

Klasse 1 Keramiken

Klasse 1 (NDK = Niedrige Dielektrizitätskonstante) Keramiken haben eine niedrigere relative Permittivität ($\varepsilon_r < 500$) als Keramiken der Klassen 2 und höher. So können mit Keramiken der Klasse 1 auch nur Kapazitäten im Bereich von ca. 0,5 pF bis 0,47 µF erreicht werden. Allerdings weisen Keramikkondensatoren dieser Klasse ein lineares Temperaturverhalten auf (TC ist linear oder im Idealfall TC=0). Das lineare Temperaturverhalten unterscheidet sie wesentlich von Keramiken anderen Klassen.

Des Weiteren haben Klasse 1 Keramikkondensatoren einen hohen Isolationswiderstand R_{ISO}, eine geringere Eigenentladung und es kommt dadurch zu weniger Verlusten.

Es lassen sich mit Keramiken der Klasse 1 präzise Kapazitätswerte herstellen, so dass üblicherweise Bauteile mit Kapazitätstoleranzen von ±1% bis ±10% verfügbar sind. In Applikationen, in denen ein sehr präziser Kapazitätswert (auch über die Betriebsdauer) benötigt wird oder die Applikation starken Temperaturschwankungen unterliegt, sind Keramiken der Klasse 1 stets anderen Keramiken vorzuziehen.

Die Keramiken werden per EIA-RS-198 oder IEC60384-21 codiert. Es werden bei beiden Varianten dreistellige Codes für die Bezeichnung der Keramik verwendet. Wie sich diese zusammensetzen zeigen die folgenden Tabellen:

EIA-RS-198 Codierung für Klasse 1 Keramikkondensatoren					
1. Zeichen		2. Zeichen		3. Zeichen	
Buchstabe	Temperatur-koeffizient TC [ppm/°C]	Nummer	Multiplikator	Buchstabe	Toleranz des Temperatur-koeffizienten TC [ppm/°C] (für 28–85 °C)
C	0,0	**0**	–1	**G**	±30
B	0,3	**1**	–10	**H**	±60
L	0,8	**2**	–100	**J**	±120
A	0,9	**3**	–1000	**K**	±250
M	1,0	**4**	+1	**L**	±500
P	1,5	**6**	+10	**M**	±1000
R	2,2	**7**	+100	**N**	±2500
S	3,3	**8**	+1000		
T	4,7				
V	5,6				
U	7,5				

Tab. 3.3: Auszug der EIA-RS-198 Codierung für Klasse 1 Keramikkondensatoren

IEC 60384-21 Codierung für Klasse 1 Keramiken			
Codierung			
Bezeichnung	Temperaturkoeffizient TC [ppm/°C]	Toleranz des Temperaturkoeffizienten TC [ppm/°C]	equivalente EIA-RS-198 Codierung
P100	+100	±30	M7G
NP0	0	±30	C0G
N33	–33	±30	S2G
N75	–75	±30	U1G
N150	–150	±60	P2H
N220	–220	±60	R2H
N330	–330	±60	S2H
N470	–470	±60	T2H
N750	–750	±120	U2J
N1000	–1000	±250	M3K
N1500	–1500	±250	P3K

Tab. 3.4: Auszug der IEC 60384-21 Codierung für Klasse 1 Keramikkondensatoren

In der Bezeichnung nach IEC steht das N für Negativ und das P für Positiv.

Der wohl bekannteste Vertreter der Klasse 1 Keramiken ist die NP0 bzw. C0G, da diese einen Temperaturkoeffizienten TC=0 besitzt und so stets eine stabile Kapazität über den zulässigen Temperaturbereich liefert. In der Realität wird hier allerdings auch eine Abweichung von bis ±30 ppm/°C zu beobachten sein.

3.4.2 Klasse 2 (HDK) – Keramikkondensatoren

Klasse 2 Keramiken

Keramiken der Klasse 2 (HDK = Hohe Dielektrizitätskonstante) weisen höhere realisierbare Kapazitätswerte als Keramiken der Klasse 1 auf. Jedoch sind damit höhere Toleranzen und auch höhere Verluste verbunden. Am wesentlichsten ist jedoch, dass diese Kondensatoren eine nichtlineare Temperaturabhängigkeit aufweisen. Dadurch bedingt wird für derartige Kondensatoren kein Temperaturkoeffizient TC spezifiziert, sondern das Abhängigkeitsverhalten der Kapazität pauschal über den gesamten zulässigen Temperaturbereich spezifiziert.

Des Weiteren ist zu beachten, dass Keramiken der Klasse 2 einem Alterungsverhalten unterworfen sind, welches es im Schaltungsdesign und dessen Auslegung zu beachten gilt. Mit zunehmendem Alter reduziert sich dabei die zur Verfügung stehende Kapazität des Kondensators. Auch reduziert sich die zur Verfügung stehende Kapazität mit zunehmender Spannung (siehe Kapitel 2.1 Kapazität eines Kondensators).

Für Anwendungen bei denen ein stabiler bzw. präziser Kapazitätswert benötigt wird sind Keramikkondensatoren der Klasse 2 nicht geeignet.

Die Bezeichnung der Klasse 2 Keramiken wird wie bei den Klasse 1 Keramiken durch EIA und IEC Normen bestimmt:

Bezeichnung nach EIA-RS-198 ist folgend dargestellt.

EIA-RS-198 Codierung für Klasse 2 Keramikkondensatoren					
1. Zeichen		**2. Zeichen**		**3. Zeichen**	
Buchstabe	**untere Temperaturgrenze**	**Nummer**	**obere Temperaturgrenze**	**Buchstabe**	**Kapazitätsänderung über den zulässigen Temperaturbereich**
X	–55 °C	**2**	+45 °C	**A**	±1,0%
Y	–30 °C	**4**	+65 °C	**B**	±1,5%
Z	+10 °C	**5**	+85 °C	**C**	±2,2%
		6	+105 °C	**D**	+3,3%
		7	+125 °C	**E**	+4,7%
		8	+150 °C	**F**	+7,5%
		9	+200 °C	**P**	±10%
				R	±15%
				S	±22%
				T	+22/–33%
				U	+22/–56%
				V	+22/–82%

Tab. 3.5: Auszug der EIA-RS-198 Codierung für Klasse 2 Keramikkondensatoren

So hat eine X7R Keramik beispielsweise einen Temperaturbereich von –55 °C bis +125 °C und eine zulässige Kapazitätstoleranz von ±15%.

Wie in der Tabelle veranschaulicht, ist die EIA Bezeichnung ein dreistelliger alphanumerischer Code. Der Code setzt sich aus einem Buchstaben für die untere Temperaturgrenze, einer Nummer für die obere Temperaturgrenze und einem Buchstaben für die zulässige Kapazitätsänderung zusammen.

Typische Vertreter von Klasse 2 Keramikkondensatoren sind:

- X8R – $\Delta C/C_0$ = ±15%; zul. Temperaturbereich: –55 °C ... +150 °C
- X7R – $\Delta C/C_0$ = ±15%; zul. Temperaturbereich: –55 °C ... +125 °C
- X7S – $\Delta C/C_0$ = ±22%; zul. Temperaturbereich: –55 °C ... +125 °C
- X5R – $\Delta C/C_0$ = ±15%; zul. Temperaturbereich: –55 °C ... +85 °C
- Y5V – $\Delta C/C_0$ = +22/–82%; zul. Temperaturbereich: –30 °C ... +85 °C
- Z5U – $\Delta C/C_0$ = +22/–56%; zul. Temperaturbereich:+10 °C ... +85 °C

Des Weiteren existiert die Codierung der Keramik nach IEC 60384-22:

IEC 60384-22 Codierung für Klasse 2 Keramiken					
Zeichen 1 und 2			Zeichen 3		
Zahl & Buchstabe	maximale Kapazitätsänderung $\Delta C/C_0$ bei U = 0	maximale Kapazitätsänderung $\Delta C/C_0$ bei U = UN	Zahl	untere Temperaturgrenze	obere Temperaturgrenze
2B	±10%	+10%/–15%	**1**	–55 °C	+125 °C
2C	±20%	+20%/–30%	**2**	–55 °C	+125 °C
2D	+20%/–30%	+20%/–40%	**3**	–40 °C	+125 °C
2E	+22%/–56%	+22%/–70%	**4**	–25 °C	+125 °C
2F	+30%/–80%	+30%/–90%	**5**	–10 °C	+70 °C
2R	±15%	+15%/–40%	**6**	+10 °C	+85 °C
2X	±15%	+15%/–25%			

Tab. 3.6: Auszug der IEC 60383-22 Codierung für Klasse 2 Keramikkondensatoren

So entspricht z.B. eine X7R Keramik einer 2X1 Keramik. Die heutzutage übliche Schreibweise ist für Klasse 1 und 2 Keramiken die EIA Variante.

3.4.3 Klasse 3 und Klasse 4 – Keramikkondensatoren

Klasse 3 und Klasse 4 Kondensatoren beschreiben sogenannte Sperrschichtkondensatoren. Diese spielen in der heutigen Industrie kein Rolle mehr, aber waren bis in die 90er Jahre stärker verbreitet.

Diese Keramiken haben ein hohe relative Permittivität (ε_r bis ca. 50000), jedoch weisen sie, im Verhältnis zu Klasse 2 Kondensatoren, ein noch stärkeres Abhängigkeitsverhalten bezüglich Temperatur, Spannung und Alterung auf. Des Weiteren konnten mit diesen Keramiken nur Spannungsbereiche von 60–100 V erzielt werden.

Abc der Kondensatoren

Verzeichnisse

Grundlagen, Kenngrößen und Kondensatortypen

4 Verzeichnisse

4 Verzeichnisse **73**

4.1 Stichwortverzeichnis 73

4.2 Literaturverzeichnis 76

4 Verzeichnisse

4.1 Stichwortverzeichnis

A

absolute Permittivität ε_0 18
Aluminium-Elektrolytkondensator 60

B

Blindleistung Q 41

D

Dauergrenzspannung 38
Dielektrikum 18
dielektrische Absorption 46
Durchschlagsfestigkeit/-spannung 42

E

Eigenentladung 40
elektrische Feldstärke 14
elektrisches Feld 13
Elektrolytkondensatoren 58
elektronische Polarisation 47
Energie 24
Ersatzschaltbild eines ungepolten Kondensators 33
Ersatzserieninduktivität ESL 34
Ersatzserienwiderstand ESR 33

F

FK-Kondensator 56
Folienkondensatoren 55

G

Güte Q_C 42

I

Impedanz Z 34
Impulsanstiegszeit dV/dt 45
Impulsbelastbarkeit 46
Influenz 15
ionische Polarisation 48
Isolationswiderstand R_{ISO} 33, 38

4.1 Stichwortverzeichnis

K

Kapazität C 23, 29
Kapazitätstoleranz. 32
Keramikkondensatoren 64
Klasse 1 Keramiken 65
Klasse 2 Keramiken 67
komplexe relative Permittivität ε_r 50
Kondensator. 22
Kondensatortypen. 24, 53

L

Ladungsverschiebung 17

M

MK-Kondensator. 56

N

Nenngleichspannung U_{RDC} 38
Nennspannung U_R 37
Nennwechselspannung U_{RAC} 38

O

Orientierungspolarisation. 48

P

Permittivität ε. 18
Phasenverschiebung 40
Plattenkondensator 22

R

relative Permittivität ε_r. 18
Resonanzfrequenz f_0 37
Reststrom I_{Leak} 33, 39
Ripple-Strom 46

S

Selbstentladung des Kondensators 33

T

Temperaturabhängigkeit 43
Temperaturkoeffizienten TC 43

V

Verlustfaktor tan δ 40
Verlustwinkel δ 40
Verschiebungsflussdichte D 21
Verschiebungsfluss ψ 20

W

Wirkleistung P 41

4.2 Literaturverzeichnis

Nr.	Titel	Autor/Herausgeber	Herausgabejahr	Auflage	ISBN-10	ISBN-13
1	Elemente der angewandten Elektronik: Kompendium für Ausbildung und Beruf	Erwin Böhmer, Dietmar Erhardt, Wolfgnag Oberschelp"	2010	16.	3834805432	978-3834805430
2	Stand der Technik und Anwendung von Superkondensatoren	Mustapha Jamal	2009	1.	3640523962	978-3640523962
3	Kondensatorenkunde für Elektroniker	Leucht, Kurt	1981		3772314910	–
4	Filmkondensatoren. Bauarten, Technologien und Anwendungen	Loth, Hans	1990	1.	3478930464	978-3478930468
5	Leitfaden für die Anwendung von Aluminium-Elektrolyt-Kondensatoren	Beuth Verlag	–	–	3410144714	978-3410144717
6	Embedded Electronics 1: Passive Bauelemente	Matthes Wolfgang	2008	1.	3895761842	978-3895761843
7	Elektronik-Fibel	Schnabel, Patrick	2010	5.	3831145903	978-3831145904
8	Taschenbuch der Elektrotechnik und Elektronik	Lindner, Helmut (Autor), Brauer, Harry (Autor), Lehmann, Constans (Autor)	2008	9.	3446414584	978-3446414587
9	Bauelemente – Elektronik 2	Klaus Beuth	2003	17.	380231957-5	–
10	Grundlagen der Elektrotechnik	Gert Hagmann	2001	9.	3891046618	–
11	Grundlagen und Bauelemente der Elektrotechnik	Heinz-Josef Bauckholt	2013	1.	3446432469	978-3446432468
12	Elektronische Bauelemente kurz erklärt. Technologien. Physikalische Grundlagen. Anwendungen	Dieter Frölich	1991	1.	3800915804	978-3800915804
13	Basiswissen Elektronik, Bd.2, Bauelemente	Dietmar Benda	1999	3.	3800718367	978-3800718368
14	Elektronische Bauelemente: Funktion, Grundschaltungen, Modellierung mit SPICE	Michael Reisch	2006	1.	3540340149	978-3540340140
15	Das große Werkbuch Elektronik	Dieter Nührmann	1994	6.	3772365469	978-3772365461
16	Das komplette Werkbuch Elektronik	Dieter Nührmann	2002	2.	3772365264	978-3772365263
17	Elektronik für Ingenieure und Naturwissenschaftler	Ekbert Hering, Klaus Bressler, Jürgen Gutekunst	2005	5.	3540243097	978-3540243090

Nr.	Titel	Autor/Herausgeber	Herausgabejahr	Auflage	ISBN-10	ISBN-13
18	Widerstände, Kondensatoren, Spulen und ihre Werkstoffe	O. Zinke, H. Seither	1982	2.	3540113347	978-3540113348
19	Der leichte Einstieg in die Elektrotechnik	Bo Hanus	2004	1.	3772359051	978-3772359057
20	Capacitor Handbook	Cletus J. Kaiser	1998	2.	–	978-0-9628525-3-4
21	Capacitors: Theory, Types and Applications	Alexander L. Schulz	2010	1.	1616689722	9781616689728
22	Electrical power Capacitor: Design and Manufacture	D. M. Tagare	2002	3.	0-07-463594-8	978-0-07-463594-0
23	Capacitors: Technology and Trends	R. P. Deshpande	2013	1.	1259063887	978-1259063886
24	Capacitors: Theory of Operation, Behavior and Safety Regulations	Kristofeer N. Müller	2013	1.	1624175856	978-1624175855
25	Encyclopedia of Electronic Components Volume 1: Resistors, Capacitors, Inductors, Switches, Encoders, Relays, Transistors	Charles Platt	2012	1.	1449333893	978-1449333898
26	Thin-Film Capacitors for Packaged Electronics	Jain Pushkar, Eugene J. Rymaszewski	2003	1.	140207705X	978-1402077050
27	Ceramic Dielectrics and Capacitors (Electrocomponent Science Monographs)	J.M.Herbert	1985	6.	2881240453	978-2881240454
28	Electrical Engineering 101, Third Edition: Everything You Should Have Learned in School ... but Probably Didn't	Darren Ashby	2011	3.	0123860016	978-0123860019
29	Elektro T: Grundlagen der Elektrotechnik	Wolfgnag Bieneck	2003	4.	3-7782-4900-2	–

Nr.	Titel	Autor/Herausgeber	Link
1	Werkstoffe der Elektrotechnik	A.Thiede	http://groups.uni-paderborn.de/hfe/lehre/Script_wks_4.pdf
2	Frequenzgang der komplexen Permittivtät	J. Prochotta	http://et.fh-duesseldorf.de/e_einr/d_labore/physik/Permittivitaet.PDF